李宁会 著

油田设备管理

第二版

内容提要

本书对油田设备管理的基本思路、机构设置、基础工作、管理方法、考核指标、工作形式，以及主要设备的选型方向、管理要求等方面进行了探索，提出了一些新颖、实用的观点，并介绍了一些设备管理的理论和经验，对油田设备管理工作具有指导意义。

本书是油田设备管理人员的必读书籍，也可作为油田生产管理人员、其他行业设备管理人员、石油院校有关专业和设备管理研究人员的参考用书。

图书在版编目（CIP）数据

油田设备管理/李宁会著．—2版．—北京：中国石化出版社，2020.1
ISBN 978-7-5114-5595-6

Ⅰ.①油… Ⅱ.①李… Ⅲ.①油田-设备管理
Ⅳ.①TE9

中国版本图书馆CIP数据核字（2019）第259234号

中国石化出版社出版发行

地址:北京市东城区安定门外大街58号
邮编:100011　电话:(010)57512500
发行部电话:(010)57512575
http://www.sinopec-press.com
E-mail:press@sinopec.com
北京富泰印刷有限责任公司印刷
全国各地新华书店经销
*
710×1000毫米16开本12印张229千字
2020年1月第2版　2020年1月第1次印刷
定价:60.00元

第二版前言

油田是从事石油天然气生产的企业，油田设备都分布在野外、分散布置、连续工作、多在腐蚀环境。石油和天然气都是靠设备采出、输送，设备管理的重要性是显然的。油田的设备管理既有设备管理的共性，也有油田的特点。油田设备管理人员多数在基层，远离城市，工作条件艰苦。油田设备管理工作在油田处于次要地位，它既是技术工作，也是管理工作，技术复杂、管理繁琐。许多从事油田设备管理的人员，尤其是刚工作不久的设备管理人员，对怎样做好设备管理工作，常感迷惑，工作中不知该干什么，不知怎样提高工作能力。油田设备管理有许多问题需要探索，从宏观上说，如何提高设备的综合效率？如何降低设备的寿命周期费用？从微观上讲，各种设备的故障规律是什么？如何降低消耗？俗话说“行行出状元”，油田设备管理工作也具有挑战性，若认真钻研，也是深无止境的。

本人从事油田设备管理工作近40年，对油田设备管理工作有较深的体会，一直在探索怎样做好油田设备管理工作。针对上述问题，总结工作经验和体会，2005年出版了《油田设备管理概论》，2012年根据设备管理的变化情况，吸收了新的管理成果，删除过时内容，对该书做了大量补充、修订，更名为《油田设备管理》出版。

近年来，油田设备管理及技术方面，均有新成果出现。本人曾去一些油田讲课，结合讲课中了解到的其他油田的情况及这几年油田设备管理情况发生的变化，对《油田设备管理》进行了修改、补充，力求能将新的管理成果、技术成果在《油田设备管理》（第二版）中体现出来。

愿该书能为油田设备管理人员的工作有所帮助。

书中不妥之处，欢迎批评指正。

目　　录

第一章　概述

第一节　设备的定义与分类

一、设备的定义

企业的资产分为流动资产、长期投资、固定资产和无形资产等多种。

固定资产指可供长期使用，单位价值较高，能反复参加许多次生产过程，并能保持其实物形态和原有功能，其价值在生产过程中逐渐消耗而转移到产品价值中去的资产。为便于划分，我国财政部规定，一般应同时具有以下两个条件的资产才能列为固定资产：使用期限在1年以上；单位价值在2000元以上。对石油企业来说，房屋、建筑物、机器、机械、运输工具、油水井、管道、道路、土地等都是固定资产。

设备是固定资产的一部分，并不是所有的固定资产都是设备。关于设备管理专业管理的设备的定义，有多种说法。

说法一：设备是指符合固定资产条件的，直接将投入的劳动对象加以处理，使之转化为预期产品的机器、设施以及维持这些机器和设施正常运行的附属装置，即生产工艺设备和辅助设备。

说法二：设备是人们在生产中所需的机械、装置和设施等可供长期使用，并在使用中基本保持原有实物形态的物质资料，是固定资产的主要组成部分。

说法三：设备是企业的主要生产工具，是企业现代化水平的重要标志。

说法四：设备是实际使用寿命在1年以上，在使用中基本保持其原有实物形态，单位价值在规定限额以上，且能独立完成至少一道生产工序或提供某种功能的机器、设施以及维持这些机器、设施正常运转的附属装置。

上述定义都不具体，不便指导工作。根据工作实践，在企业管理中，同时符合以下两个条件的才算设备管理专业管理的设备：

（1）符合固定资产的两个条件；

（2）在运行中直接消耗能源，或虽不耗能但存在直接能量交换，或具有工艺功能的机器、装置，消耗能源指耗油、耗气、耗煤、耗交流电、耗直流电等。

根据上述划分，油水井、管道、阀门、房屋、土地等不算设备。汽车、锅炉、泵、分析仪器、测试装置、计算机、塔类、换热器、分离器等都算设备。

油田设备的特点：安装设备多；露天使用的设备多；连续使用的设备多；压力容器多；分布广散。

本书所说的油田设备是指油田公司拥有的设备。

二、设备的分类

（1）按安装与否，分为安装设备与非安装设备。

（2）按有无运动部件，分为动设备与静设备。

（3）按能否移动，分为固定设备与活动设备。

（4）按《石油天然气行业设备分类与编码》分为24大类。

（5）按是否符合《特种设备安全法》，分为特种设备和一般设备。

三、固定资产、设施、装备、设备之间的关系

固定资产、设施、装备、设备含义不同，它们之间区别如图1－1所示。

<table>
<tr><td colspan="3">固定资产</td><td></td></tr>
<tr><td colspan="2">设　　施</td><td colspan="2">装　　备</td></tr>
<tr><td>不可拆移重复使用物品</td><td>可拆移重复使用物品</td><td>非安装使用物品</td><td>低值易耗品</td></tr>
<tr><td></td><td colspan="2">设　　备</td><td></td></tr>
</table>

图1－1　固定资产、设施、装备、设备之间的关系

固定资产：实物资产中，去除低值易耗品后的剩余部分。

设施：需固定安装的资产。

装备：不需固定安装的资产。

设备：兼有设施与装备中的部分。

不可拆移重复使用物品：如房屋、油井、管线等。

可拆移重复使用物品：如泵、压缩机等。

非安装使用物品：如汽车、电焊机等。

低值易耗品：如盘根、皮带等。

第二节 设备在油气生产中的作用和贡献

一、设备在石油天然气生产中的作用

石油、天然气行业是技术密集型行业，所有生产过程都要依赖设备。在整个石油、天然气的生产过程中，大量地使用着各种设备，离开这些设备，石油、天然气的生产将彻底停顿。

油田多是分散的、远离城市的，大量需要各种车辆，专用设备也多是固定在汽车上。大多数油井是机械举升，需要大量的抽油机械。石油、天然气是流体，所有的分离、输送、加热都需设备。

二、设备对石油天然气生产的贡献

在石油天然气勘探开发中，由于设备技术水平的提高，导致勘探成功率的提高，导致油气采收率的提高，导致油气生产成本的大大下降。例如：（1）在地震方面，万亿次/秒以上的计算机的应用，提高了地震勘探的数据处理能力。（2）在测井方面，由模拟测井仪发展到成像测井仪，测井资料解释由手工处理解释发展到计算机处理解释后，大大提高了测井解释精度，纠正了过去的一些解释错误。（3）在钻井方面，电动钻机、顶驱装置、四单根立柱钻机的应用，大大提高了钻井速度。（4）在井下作业方面，大型压裂机组的使用，为提高压裂强度，提高地层改造效果创造了条件；带压修井设备的使用，减少了油气水井的泄放，减少了浪费和污染。（5）在采油生产方面，采用往复泵代替离心泵注水后，泵效提高了约20%，大大节约了电费，注水单耗下降约35%；采用油气混输泵输油后，使原来浪费的石油伴生气得以回收利用；用新型抽油机（双驴头抽油机、变径调矩抽油机、立式抽油机、井下电动往复泵、井下电动螺杆泵等）后，与原常规抽油机相比，抽油机系统效率提高，能耗降低。（6）在科研方面，先进的设备提高了对地层的分析认识能力，提高了勘探开发的成功率。

第三节 设备与其他专业的关系

一、设备与地质、工艺的关系

设备、工艺、地质是油气田开发的三大技术支柱，三者缺一不可。地质专业

的任务是研究地下、发现储量，工艺专业的任务是研究油气采出、分离、净化、集输的方法，设备专业的任务是为工艺提供合适的手段，实现生产目标。从空间位置上讲，地质管地层，工艺管井筒，设备管地面；从工作类型上讲，地质是面，工艺是线，设备是点；从工作程序上讲，地质领先，工艺居中，设备最终。所有的任务都要靠设备来完成。地质、工艺比较宏观，设备比较微观。

二、设备与科技进步的关系

科技进步的重要标志是“四新”应用。“四新”指新设备、新技术、新材料、新工艺，设备不仅在“四新”中占有一席之地，而且新技术、新材料、新工艺常常是通过设备来实现的。可见，设备在科技进步中起着重要作用。

三、设备与全面质量管理的关系

在全面质量管理中，影响现场产品质量的五大因素是：人、机器、材料、方法、环境。在用因果图分析问题的原因时，都要画上机器存在的问题。用设备来保证技术要求，比靠人的自觉性和技能来保证技术要求更可靠。设备对产品的质量有重要影响。

四、设备与节能的关系

石油企业既是能源生产企业，又是能源消耗大户，能源消费在企业成本中占有相当比重，如油气生产中能源消费费用占油气生产成本的20%左右，原油加工中能源消费费用占原油加工成本的30%左右，原油储运中能源消费费用占原油储运成本的50%左右。这些能源消费都是在设备上发生的。要节能降耗，就要从设备上下功夫。

《中华人民共和国节约能源法》中有多条关于设备的规定。

五、设备与安全生产的关系

设备对于保障安全生产有重要作用。要做到安全生产，离不开设备的保证和支持。《中华人民共和国安全生产法》对设备的安全做了许多详细规定。

设备本身也会存在安全隐患，安全生产的一项重要内容就是要消除设备的安全隐患。

第四节 设备管理的含义

设备管理是以设备为研究对象，追求设备综合效率和设备寿命周期费用的经济性，应用一系列理论、方法，通过一系列技术、经济、组织措施，对设备的物质运动和价值运动进行全过程（从规划、设计、制造、选型、购置、安装、使用、维护、修理、改造、报废直至更新）的科学管理。

油田设备管理就是对油气田使用的设备进行全面、全过程管理，重点是生产设备的管理，其中的重点是抽油机、输油泵、注水泵、锅炉、加热炉、压缩机、压力容器、车辆，工作涉及计划、财务、开发、生产运行、节能、安全、采购等内部部门，涉及制造厂家、修理厂家、政府监管部门等外部单位。油田设备管理是专业性很强的技术工作。

设备作为先进技术、先进工艺的载体和最具有活力的生产力要素之一，是降低生产成本，提高生产效率的重要手段；设备作为企业的固定资本，是现代企业制度资本经营的重要方面；设备管理作为企业管理的组成部分，是现代企业制度管理科学的重要内容。

第五节 设备管理的主要理论

一、设备技术经济学

设备技术经济学以设备工程学和工业技术经济学为主体，并兼蓄其他相邻学科而形成的。它的基本任务是研究和运用获得设备工程最佳经济效果的理论和方法，以达到设备寿命周期费用最经济和不断提高设备综合效率的目的。

1. 设备技术经济学研究的主要内容

（1）设备工程规划和投资决策：在设备工程的计划、投资之前，就要进行设备调研、工程费用估算、投资费用分析和工程可行性方案研究，最后对规划和投资方案进行决策。

（2）设备自制、租赁、外购方式的选择。

（3）设备引进的可行性研究。

（4）新设备开发和设计优化：在开发和设计新设备中应进行价值工程、可靠性工程和无维修设计等分析，使设计的产品达到技术经济最优化的水平。

（5）设备使用维修阶段的经济性评价：根据企业的生产经营目标，选择正确合理的运行方式和维修方式，制定维修计划，确定维修周期，对设备的运行工作和维修工作进行技术经济评价，力求实现运行费用和维修费用的最佳化。

（6）备件的库存管理：采用系统分析法和数理统计法等方法来进行库存管理可获得最佳经济效果。

（7）设备更新、改造方案的确定：研究设备更新的策略，确定设备的经济寿命，选择合理的更新、改造方式和时机。

2. 设备技术经济学的几个概念

（1）设备寿命周期费用

设备寿命周期费用＝设备购置费＋设备维持费

设备维持费包括人工费、能源费、修理费等。

（2）费用效率

费用效率＝设备经济效果/设备寿命周期费用

设备经济效果是指折算成货币单位的产量、利润、能力等。

（3）综合效率

综合效率＝设备的输出/设备寿命周期费用

设备的输出包括七个方面：产品的产量、产品的质量、产品的成本、交货期、安全、环境和人机匹配关系。综合效率中既有定量因素，也有定性因素，所以其效率也是全面的、综合的。选择设备时，应选择综合效率高的设备。以较少的输入物创造出较多的输出物是提高设备综合效率的途径。在设备输出一定的条件下，设备寿命周期费用最少为最经济。

设备的寿命周期费用最经济是指不能单纯追求购置费用或维持费用的最低，而是要追求寿命周期内总费用最经济。设备管理不仅要追求寿命周期费用最经济，还要追求设备的综合效率最高。

简而言之，设备管理的目标是少投入、多产出。

二、英国的设备综合工程学

1970年，英国人丹尼斯·巴克斯在国际设备工程年会上发表了题为《设备综合工程学——设备工程的改革》的论文，首次提出了这个概念。同年，英国在工商部下设立了“设备综合工程委员会”。英国工商部给这门学科下的定义为：“为了求得有形资产经济的寿命同期费用，而把相关的工程技术、管理、财务及业务加以综合的学科”。

设备综合工程学的主要内容：

（1）寻求设备寿命周期费用最经济；

（2）设备综合管理的三个方面：工程技术管理、组织管理、财务经济管理；

（3）把可靠性和维修性设计放在重要位置；

（4）以系统论研究设备一生管理；

（5）注重设计、使用、费用的信息反馈。

三、日本的全员生产维修

1971年，日本的中岛清一等人提出了全员生产维修制（Total Productive Maintenance，简称TPM）。推行TPM，可以充分发挥设备的生产潜力，使企业获得良好的经济效益。目前，世界上许多国家（我国也有许多著名企业）引入TPM管理模式，取得了明显成效。

1. 日本工程师学会对TPM的定义

（1）以最高的设备综合效率为目标。

（2）确立以设备一生为目标的全系统的预防维修。

（3）设备的计划、使用、维修等所有部门都要参加。

（4）从企业的最高层到第一线职工全体参加。

（5）实行动机管理，即通过开展小组的自主活动来推进生产维修。

2. TPM的特点

（1）全效率：指设备寿命周期费用评价和设备综合效率。

（2）全系统：指生产维修的各个侧面均包括在内，如预防维修、事后维修和改善维修。

（3）全员参加：指从公司经理到相关科室，直至全体操作工人都要参加。

3. TPM的基本概念

通过改善人和设备的素质来改善企业的素质，最大限度地提高设备的综合效率，实现企业的最佳经济效益。

4. TPM的目标

降低六大损失：

（1）设备停机时间损失；

（2）设置与调整停机损失；

（3）闲置、空转与短暂停机损失；

（4）速度降低；

（5）残、次、废品损失，边角料损失；

（6）产量损失。

5. TPM的主要做法

（1）自主维修（PM小组活动）：PM小组建立在生产第一线，按生产组织（行政组织）编组，一般由生产班组长兼任组长。小组选择有利于完成企业年度目标的课题进行活动。

（2）5S（下述5项活动的日语拼音字头均为S）活动：

整理：把要与不要的事、物分开，把不要的事、物处理掉；

整顿：把有用的物品按照使用频率和目视化准则，科学合理地布置，定量定位，摆放整齐，以便快速取用；

清扫：把工作场所周围打扫干净；

清洁：清除所有废水、粉尘、废气等污染源；

素养：个人卫生、礼貌和作风，遵守制度。

（3）点检制：按一定标准、一定周期，对设备的规定部位进行检测，使设备的异常状况和劣化能够早期发现，及时加以修理调整，使设备保持其规定功能的设备管理方法。

点检制的8个特点：

定人：规定设备点检负责人；

定点：规定点检部位、项目、内容；

定量：对劣化倾向定量测定；

定周期：对不同设备、不同部位规定不同的点检周期；

定标准：规定每个点检部位是否正常的标准；

定点检计划表：规定点检路线；

定记录：规定各种记录的格式；

定点检业务流程：规定点检作业和点检结果的处理程序。

（4）局部改善：对现有设备局部进行改进设计和改造零部件，以改善设备的技术状态，更好地满足生产需要。

四、TnPM——全面规范化生产维护

TnPM由李葆文教授提出，是规范化的TPM，是全员参与的、步步深入的，通过制定规范、执行规范、评估效果、不断改善来推进的TPM。TnPM是以设备综合效率和完全有效生产率为目标，以全系统的预防维修为载体，以员工的行为规范为过程，全体人员参与为基础的生产和设备保养维修体制。

核心是“四全”：以设备综合效率和完全有效生产率为目标；以全系统的预防维修体制为载体；以员工的行为全规范化为过程；以全体人员参与为基础。

五、中国设备管理协会《设备管理体系 要求》

《设备管理体系 要求》是2017年发布的协会标准。该标准规定的设备管理体系覆盖了设备的全生命周期，是从设备的长期经济效益最大化出发，全面关注设备从规划、选型、设计、制造、购置、安装、验收、运行、维护、改造、更新直至报废的全过程；在设备的全生命周期的费用、绩效、风险三方面寻求综合效果最优；以经济、技术等手段实施设备的全生命周期的综合管理。

第二章　设备管理基本思路

20 世纪末，国内各石油公司都实行了战略性重组。将油气田企业，炼化企业，管输企业以及从事勘探生产的科研、规划机构作为核心业务分离出来，设立分公司、子公司，然后组建上市公司。其他施工企业、技术服务、生活服务及社会服务等非核心业务留在存续公司。石油公司下属的各石油勘探（管理）局也按上述模式，一分为二，核心业务部分称为油田公司，主要业务是采油、采气、炼油、输油、地质研究、油气工艺研究等。辅助生产单位、施工单位、后勤单位等重组为新的石油勘探（管理）局。各采油厂也一分为二，原归采油厂管理的运输、机修、修井等单位都留在了石油勘探（管理）局，油田公司没有自己的机修队伍，设备修理全部依赖石油勘探（管理）局和社会单位。重组后，油田公司的设备管理机构、人员、工作方式发生了很大变化，设备管理从一个独立的管理部门转变为其他部门的一部分，重点设备从非安装设备转变为安装设备，设备维修从主要内修转变为主要外修，通用设备从自购转变为雇用。

虽然油田公司的设备管理格局几经变化，但设备的作用未变，设备管理的重要性未变。搞好设备管理工作，对油田的发展、企业经济效益的提高有极大的作用。显然，设备管理部门是能产生直接效益的部门。由于上述变化，油田设备管理的管理思路也应转变，这样才能适应新形势下油田生产经营工作对设备管理的要求。本章对油田设备管理问题进行了探索，提出了新形势下，油田设备管理基本思路。

第一节　设备管理的正确定位

一、设备管理的方针、原则、任务

1987 年 7 月 28 日国务院发布的《全民所有制工业交通企业设备管理条例》规定了设备管理的方针、原则、任务。

1. 三项方针

（1）依靠技术进步：用先进技术提高设备的技术水平。为此，要关注国内外新技术的发展动向，积极引进、试验、推广先进技术；针对生产中的问题，开发、应用新技术；改造老设备，提高技术水平。

（2）促进生产发展：保证生产的正常进行，提高生产率。设备是为生产服务的，设备管理的最终目的是促进生产发展。

（3）预防为主：正确使用设备，主动做好设备的维护保养工作，预防设备故障的发生。

2. 五项原则

（1）设计、制造与使用相结合。

（2）维护与计划检修相结合。

（3）修理、改造与更新相结合。

（4）专业管理与群众管理相结合。

（5）技术管理与经济管理相结合。

3. 四项任务

（1）保持设备完好。

（2）不断改善和提高企业技术装备素质。

（3）充分发挥设备效能。

（4）取得良好的投资效益。

二、设备管理的目标

设备管理的终极目标是为企业创造效益，从而体现自身价值。途径有以下几条。

1. 提供高效设备

在设备选型阶段，就要选择先进、高效、适用、安全、环保的设备；根据工艺变化，及时调整、改造设备。

2. 保持高效使用

使设备处于高效率工作，消除不合理的工作方式，降低运行消耗。

3. 提高设备利用率

合理配置设备，避免闲置。

4. 降低修理费用

提高设备可靠性，降低故障率；延长使用寿命，提高贡献率；严格修理控制，减少修理漏洞。

5. 消除设备隐患

防止人身伤害、设备损坏、环境污染等事故发生。

6. 回收设备残值

调剂利用闲置设备，处置报废设备。

三、设备管理的层次

设备管理可分为以下三个层次。

1. 例行工作

（1）设备信息系统：包括运转记录、统计报表、设备档案等。

（2）设备注册检验：包括车辆入户、年审，压力容器注册、年检，锅炉注册、年检，其他特种设备的注册、年检等。

（3）设备检修计划：包括装置的检修计划、设备的年度修理计划等。

（4）设备购置计划：提出购置理由，大型、贵重设备应编制论证报告；根据资金额度编制购置计划。

（5）设备报废申报、审批。

（6）疑难故障处理及事故调查。

2. 基础工作

（1）管理制度：制定设备的购置、使用、修理、闲置、报废、处理、事故、考核、竞赛等方面的管理办法。

（2）技术标准：制定本单位各种设备的技术规范、能耗定额、修理定额、操作规程等。

（3）现场管理：十字作业、事故预防等。

（4）人员培养：包括培训、竞赛、交流、考察等，目的是提高设备使用管理人员的工作能力和积极性。

3. 创新工作

（1）开发、引进、试验、推广新型适用高效设备。

（2）改造与工艺不匹配的设备、低效高耗的设备、有安全隐患的设备等。

（3）修旧利废、调剂利闲，将过去闲置、废弃的物资和设备加以修复利用。

（4）建立新的设备管理体制和机制，提升设备管理效率。

例行工作是必须干的工作，但只干这类工作是远远不够的。基础工作是设备管理的重要内容，比例行工作前进了一步，干好基础工作，提升了设备管理水平，但仅把这部分工作干好也是不够的，是不足以体现设备管理的价值。设备管理的最高层次是创新工作，其目的是提升公司设备技术水平，为公司创造看得见、算得清的效益，从而体现设备管理的价值。

四、设备管理的策划

设备管理是企业文化的一部分，也需要进行策划。准确的定位，良好的策划，有助于设备管理作用的发挥。

长庆油田公司提出了“要把设备管理系统建设成为与地质、工艺并驾齐驱的油气田生产建设的三大支柱之一”的管理思想。这个思想给设备管理人员很大的鼓舞，调动了设备管理人员的积极性，既是设备管理人员的奋斗目标，也是设备管理人员的工作动力。它还提高了各级领导对设备管理工作的认识，使设备管理工作获得了有力支持。

这个思想既具有现实性，又具有可能性。现实性表现在，由于体制的原因、设备管理人员自身的原因，设备管理的作用发挥得不如其他两个专业好，需要加强设备管理工作。可能性表现在，设备管理确实是油田公司三大专业技术工作之一，虽然各油田公司都有地质院、工艺院，各采油（气）厂都有地质所、工艺所，而设备管理的力量要薄弱得多，但只要各级领导重视、支持设备管理工作，设备管理人员努力工作，不断创新，设备管理一定会发挥三大支柱之一的作用。

1997年广州设备管理与维修国际会议明确提出“设备管理是生产力”这个口号，一些有识的企业家提出“抓管理，从设备管理抓起”“向设备要产量、要质量、要效益”，华北油田提出“要像抓生产经营指标和安全生产那样抓设备管理工作”等，都是很好的理念策划。

设备管理部门应每月将自己的工作总结报送主管领导，经常请示汇报，使领导了解本部门的工作。应主动向本企业的网站、报纸投稿，宣传本部门的成绩。

第二节 设备管理部门要全面负责设备管理

过去石油行业的设备管理部门叫作机械动力处（科），只负责机械动力设备的管理，对其他设备关注很少。油田公司除了机械动力设备外，还有大量的其他设备，如抢险应急设备、安全防护设备、测试计量设备、化验分析设备、科研办公设备、网络及其维护设备等。以长庆油田为例，近几年，在每年新购设备费用中，这些设备占的分量达到40%左右。忽视这些设备的管理，是设备管理部门的失职。油田公司的设备管理部门不仅应管机械动力设备，还应管上述这些设备，油田公司所用的各种设备都是设备管理部门的管理范围。除机械动力设备外的其他设备的重要性不亚于机械动力设备，而且这些设备还会大量增加，应克服只管机械动力设备，不管上述这些设备及其他设备的习惯。

要管好除机械动力设备外的其他设备，设备管理人员首先要学习有关这些设备的知识，到现场了解这些设备的用途、结构、原理、功能、使用效果，了解这些设备的发展方向和合理的需求量，其次要针对这些设备的特点，制定相应的管理办法。

不同的设备管理层次应有不同的重点，这样才有利于设备管理作用的发挥。公司层次：掌握设备购置资金，掌握较大的信息量，应以制定各类设备的选型要求，引进、开发新设备，提高设备技术水平，推动工艺进步，建设设备管理制度和建设队伍为重点。厂处层次：掌握设备修理费，应以改造设备，降低设备消耗，提高经济效益，消除设备隐患，提高操作者技能为重点。大队、作业区层次：掌握设备使用信息，应以设备的现场管理，十字作业，设备评价，提高设备完好率、利用率为重点。

第三节　安装设备是管理重点

20 世纪末重组前，石油行业设备管理部门的管理重点是非安装设备，如钻机、修井机、压裂车、运输车辆等，对安装设备关注较少。由于油田公司的绝大部分设备是安装设备，影响油田公司生产和效益的主要是安装设备，若不重视安装设备的管理，将是设备部门的失职，将大大削弱设备部门存在的意义，影响油田公司的生产和效益。所以，设备部门要特别重视安装设备的管理。

设备管理部门对安装设备的管理，要特别注意以下几方面。

（1）参与安装设备的前期论证、编制技术要求、选型选厂等工作，虽然现在新建项目都是以项目组的形式进行，设备管理人员很少参加项目组，但设备管理部门要主动介入项目建设中，提出自己的意见，如向采购部门发出主要安装设备订货技术要求，内容包括参数、配置、功能、质保等。

（2）参加安装设备的验收工作。产品质量及安装质量好坏对后续使用有很大影响，应严格按订货要求和安装要求验收设备。

（3）关心安装设备的使用情况，如设备是否运行在合理工况？各种故障的规律与原因？设备的消耗是多少？

（4）评价设备。这是设备选型、改造的依据。

（5）积极开展安装设备的更新与技术改造。由于设备老化不能满足工艺要求时，或当工艺条件发生变化，设备的性能与工艺要求不符时，就应对设备进行更新或技术改造。安装设备的更新与技术改造，会给企业带来显著的经济效益。这些工作的投资回收期一般都较短，比新建项目有更好的经济效益。

由于工艺条件一直发生着变化，一段时间后，这种变化就显得较为显著，设备可能就不适应工艺要求。所以设备的更新与技术改造是一个经常性的工作。

第四节 加强与工艺的联系

在实际工作中，常存在地质干了工艺的工作，工艺干了设备的工作，设备没工作干的情况。要防止工艺干设备的工作，设备管理部门就要主动开拓自己的工作范围，所有地面设备都应在管理范围，避免仅局限于机械动力设备，工艺容器、自控、仪表等也应纳入管理范围。工作干得越多，设备管理的作用就发挥得越好。

油田公司的工艺部门负责制定油气开发的工艺原理、工艺路线；设备部门负责按工艺原理、工艺路线实现工艺目的。设备是为工艺服务的，不重视与工艺的联系，会使设备管理失去正确的目标。不了解工艺的目的、要求，在设备管理上就易墨守成规；只知现有设备可用于此工艺，不知其他设备、技术可能更好，设备管理就成了无源之水。

工艺常随地质情况而变化，设备也应随工艺变化，如油田生产一段时间后，地层压力下降，产液量会减少，含水上升，油井和管线的结蜡会减少，这时原来的输油泵的额定排量和压力就显得过大，就应调整改造。这种情况是大量、经常存在的。不关注工艺情况的变化，就不会认识到设备与工艺的不匹配，就不会认识到设备改造的必要性。

过去设备管理部门只重视设备的操作规程、十字作业、油水管理等，设备检查主要检查设备的十字作业和报表等，忽视了设备与工艺的关系，弱化了设备管理部门的作用。设备管理中存在就设备而管设备、不了解设备在工艺中的作用、不了解设备是否适应工艺要求等问题。对大量的设备与工艺不配套问题熟视无睹，现场大量存在设备能力过大，大马拉小车、空车现象，也存在个别小马拉大车的现象。如有的油井日产液只有 $2m^3$，抽油机的参数为：冲程 3m，冲次 7 次/min，泵径 38mm，参数明显过大；有的长输泵站原油进站温度 47℃，出站温度 51℃，进下站温度 40℃，该站没有加热必要，原油加热温度过高，既造成燃料的浪费，又使原油挥发过多，非常不合理。

设备管理不能只管设备的十字作业。设备部门应了解设备的负荷情况，设备与工艺是否匹配。如管理注水泵，不能只管转动是否正常、有无异响、有无泄漏、润滑油是否够等，还要管注水泵的负荷情况，其额定排量、压力与配注要求是否匹配，有无过剩或不足，是否存在回流；管理锅炉，不能只管三大安全附件，还要管锅炉的实际负荷，锅炉能否达到额定出力，锅炉是否运行在最佳状态。

要使设备很好地为工艺服务，圆满实现工艺目的，就必须使设备管理与工艺紧密联系。为此，作为设备管理人员必须做好以下工作。

（1）经常了解设备额定参数与实际运行参数之间的差距，合理地调整、改造设备，使设备的额定参数尽可能接近实际运行参数。如更换参数过大的输油泵，对参数过大的多级离心泵进行抽级、叶轮切削等。

（2）经常了解设备是否工作在最佳状态，及时、正确地调整设备参数。如调整抽油机的冲程、冲次、平衡、电机挡位等。

（3）经常了解工艺对设备的要求。如当工艺部门提出污泥处理要求时，设备部门要配置或租赁污泥处理设备、污泥减量设备；当工艺部门提出开展调剖工作时，设备部门要配置或租赁调剖设备。当工艺条件发生变化时，应及时调整或改造设备，以适应工艺的变化，防止设备能力的浪费或超载使用。

（4）经常了解工艺发展的新动向，实现工艺要求有几种设备手段，国内外最优设备手段是什么。如推行间歇开井方式的条件下，调冲次的必要性就不大了；在恢复单井管线投球清蜡的情况下，用热洗车洗单井管线的需求就减少了。

（5）设备管理部门对设备的使用状况比较熟悉，应向工艺、设计部门反映设备使用中存在的问题，避免在新的设计中重复犯错。

第五节　重视设备的宏观管理

在设备管理中，许多设备管理人员主要忙于处理各种设备故障。存在“七多七少”。

（1）被动工作多，主动工作少：工作主要靠领导安排和下级求助，没有自己的工作目标和计划。

（2）依赖厂家多，自己钻研少：设备出现问题，不论大小，找厂家解决，自己不去分析尝试，对技术不求甚解。

（3）关注具体的设备采购、修理、改造、故障、分配多，思考提高本单位整体设备的效率、效益少。

（4）关注与资金有关的问题多，关注制度建设少：重视修理资金分配、购置计划制定等，忽视完善管理环节、规范使用操作、基础工作建设等。

（5）关注现有设备问题多，关注对油田生产技术有重大改进的国内外先进设备少。

（6）应付日常事务多，关注怎样发挥设备管理部门的作用较少。

（7）换件多，修复少：出现问题，以换为主，对换下的配件、总成未开展修复利用。

以上问题使设备管理工作失去大方向、大目标，影响设备管理工作运行质量。

各级设备管理部门不仅要关注具体的设备，更要关注设备使用中存在的普遍问题、重大问题、前瞻性问题、设备与工艺的匹配问题、油田公司工作目标与设备管理的关系问题，为实现工艺目的，提供最优的设备手段，协调有关单位和部门，探索设备使用规律，总结设备使用管理经验，培养设备使用管理人员等。

各级设备管理部门要有计划地开展工作。工作计划不仅是设备购置计划、设备修理计划等资金安排方面的计划，而且包括设备管理工作的各方面。每年、每月、每周、每人应制定具体的、可操作的工作计划。设备管理部门每月还应写出书面小结，并向主管领导汇报工作，取得主管领导对设备管理工作的支持。

具体应关注以下问题：

（1）主要设备的技术状况：实际能力、实际消耗、故障规律、易损件寿命；

（2）各种同类设备的优缺点；

（3）主要设备的技术发展动向；

（4）同行业、同类设备的使用管理经验；

（5）设备对工艺的满足程度；

（6）制约生产发展的主要设备问题；

（7）设备管理制度、标准的建立与完善；

（8）设备的经济管理，如投资回收期、利用率、运行成本等；

（9）提高设备使用管理人员技术水平；

（10）调动设备使用管理人员工作积极性。

油田设备管理要紧紧围绕单位的主题开展工作。提升设备管理部门的地位。只有不断改进工作，发挥作用才能使设备管理真正成为油田公司的三大技术支柱之一。要抓住生产中存在的主要问题，主动攻关。

每做一项技术创新项目，都要有总结。成功的项目，要报成果、要宣传报道、要发表论文，有创意的还应申请专利，并大量推广应用。

第六节　技术管理与经济管理相结合

长期以来，设备的技术管理和经济管理被分割，设备管理部门只管设备的技术管理，设备的经济管理由资产部门管理。现代的设备管理是技术管理和经济管理相结合，以设备的寿命周期费用最经济和设备的综合效率最高为目的。1987年7月28日国务院发布的《全民所有制工业交通企业设备管理条例》规定：企业的设备管理应当坚持设计、制造与使用相结合，维护与计划检修相结合，修理、改造与更新相结合，专业管理与群众管理相结合，技术管理与经济管理相结合的原则。设备的技术管理和经济管理相结合，不仅是政府的要求，也是企业自身的需要。从事设备管理研究的学者和一些设备管理工作者也认识到设备的技术管理和经济管理相结合的重要性，经常呼吁加强设备技术管理与经济管理的结合，但受体制和传统习惯的影响，在各油田公司，设备技术管理与经济管理的结合问题仍未解决好。

（1）各级设备管理人员中，现在仍然是重设备技术管理，忽视设备经济管理。主要表现在以下方面。

①设备的运行费用不清楚。设备的运行费用主要由能耗、材耗、维修费等组成。对这几项费用计量、统计不细，没有做到单机核算。由于运行费用不清楚，导致许多投资决策的盲目。设备的消耗，在生产成本中占很大的比重。

②对设备是否处于高效运行状态，重视不够。设备管理人员每次去现场，都要检查设备的清洁、紧固、润滑、调整、防腐等十字作业情况，检查是否存在松、旷、漏、缺、脏，很少关注设备是否运行在合理的工况，设备出力是否达到额定值，设备的单耗是多少。

③设备报废很随意。设备的报废与否，未经对设备的经济寿命的考核论证，也未有上级设备管理人员现场核实。如在锅炉年检中，锅炉的报废与否，应由锅炉检验站根据深入锅炉内部检查的情况，结合规程的要求，独立做出报告。

④闲置设备未充分利用。有的厂申请新设备时，未充分考虑设备的利用率，造成新购设备闲置。

⑤没有有效的设备经济管理考核指标。

⑥缺乏设备配置的论证分析。如老旧设备是否还有使用价值？设备的合理配备规模是多少？是租用设备合算还是拥有设备合算？同类设备中那类设备使用最经济？

⑦设备维修把控不严。送修设备长期放在修理厂家，无人拉回；换件清单、

修理内容未核实，换下的旧件未拉回或修复；无修理技术标准等。

⑧设备综合效率低。主要表现有：

a. 盲目追求保险，备用设备太多，造成利用率低，如有的单位注水泵用1备2，加热炉用1备1，输油泵用1备2；

b. 由于工艺要求发生变化，设备没有及时更新改造，造成设备能力与工艺要求不符，设备在低效率工作，如有的集油站，后期产液减少，但仍使用原来的大输油泵、大加热炉。

c. 由于设计计算不准或设计思想保守，导致设备选型过大，能力浪费，设备效率降低，如总投资7亿多的某长输管线，由于实际管线阻力大大小于设计的管线阻力，造成离心输油泵的额定扬程选择过高，实际运行时，泵出口阀门只能开10%左右，严重浪费能源并影响输量；

d. 设备运行参数调整不当，设备在低效状态运行。

2017年，某油田技术监测中心对2575口抽油机井进行了节能监测、评价，平均机械采油系统效率为19.40%，合格率为76%；平衡度平均值为103%，合格率为64%；电动机平均功率因数为0.43，合格率为52%，以上三项指标均合格的抽油机井评定为“节能监测合格设备”，占总评价数的（综合合格率）31%。

设备运行参数调整不当造成了能源的浪费。冲次、冲程、平衡、泵径等运行参数调整不当的现象大量存在。造成这种问题的原因：

（a）现场员工责任心不强，看到问题，熟视无睹；

（b）现场员工技术水平差，不清楚设备处于不合理状态，不清楚调整到何种状态为合适，不清楚怎样才能调整到合理的工作状态；

（c）计量不细，设备耗能的计量没有达到逐台或逐站计量，而是分摊到小队或作业区，由于计量不细，这种浪费没有很直接地、清楚地显示在生产成本中，不清楚是节约了还是浪费了；

（d）考核不严，由于设备运行参数调整不当造成的能源浪费，没有列入任何考核处罚中；

（e）设备本身故障，如柱塞泵阀或柱塞磨损造成内部或外部泄漏严重，安全阀泄漏，皮带过紧或过松，吸入过滤器堵塞等，都影响泵的效率，锅炉、加热炉水垢或烟垢严重，烟道短路等，影响炉子的效率。

过去石油行业的机械动力系统只重视设备的技术管理，不重视设备的经济管理。忽视设备的经济管理，从设备管理部门的角度说，弱化了设备管理的作用，会使设备管理脱离企业管理的总目标，削弱设备管理的价值，降低设备管理在企业中的地位；从油田公司整体来说，丧失了成本挖潜的一个主要方面，对提高油田公司经济效益不利。

（2）设备管理要从单纯技术管理向与技术经济相结合的管理转变。具体要做好以下工作。

①加强设备购置前的论证，对比各种方案的优劣，计算投资回收期，选择投资回收期短、性价比高、寿命周期费用最低的设备。比较自购设备与租用设备的效益差别，选择最有效益的方式。

②定期测试主要设备的运行单耗，通过监测发现问题，找准做工作的方向。公布各单位各类主要设备的运行单耗，开展各单位同类设备降单耗的管理竞赛活动。现在虽然每年都由节能部门安排，由专业监测站进行一次五大系统效率的监测，但这种监测间隔太长、监测点太少，对实际工作的帮助太少。应由各生产厂自己至少每半年开展一次五大系统效率的监测。

③记录设备运行的消耗、维修费用，分析设备的使用成本。注水泵、输油泵、锅炉、加热炉的单耗应每班统计。只有做到了单机计量、单机核算，才能知道哪台设备能耗不正常，哪台设备运行成本高，才能有的放矢，找准做工作的方向。

④使设备在低耗高效状态运行。

a. 在各种设备检查评比中，要把设备的运行状态是否合理作为主要检查评比内容。

b. 对与工艺要求不符的设备，要及时调整运行参数或进行改造，如调整抽油机的冲程、冲次、平衡、电机挡位等；液量很低的井，冲程、冲次、泵径已达最低，仍不能满足要求，若继续使用，单耗太高，应更换更低冲次的抽油机或电机；对往复泵的额定排量大大高于输量的、打回流的，若不改造，回流损失太大，应调整柱塞直径、降冲次（换小直径电机皮带轮、降低频率）或换泵；对离心泵的额定扬程大于管线阻力的，出口节流的，若不改造，节流损失太大，应进行调速、抽级、切削叶轮或换泵。

c. 推广自动控制技术，使设备自动地、随时地保持在高效状态。如锅炉、加热炉的自动燃烧器、电机配用变频器等。

d. 及时处理设备故障，避免设备带病低效运行。

⑤提高设备利用率，是投资最少的提高企业经济效益的措施。应积极想办法提高设备利用率，减少设备的闲置。

在新产能建设中，注水泵、加热炉、锅炉等可不建备用设备。因为这些设备故障率不高，注水泵坏了后果不严重，加热炉、锅炉一般通过夏季检修保证冬季安全使用，辅机故障稍多，可通过备用辅机来解决。

利用率不高的设备不买。季节性使用的设备，应以租用为主。油田公司不应购季节性使用的设备，因为没有油田公司的主业单位愿意利用设备的闲暇时间去为单位挣钱。

⑥对超出设备能力的设备要及时更换和改造。

超出设备能力运行的设备，必定是低效率工作，其消耗也较大，如不及时更换和改造，将影响企业的经济效益。如有的锅炉，经过除垢、检修后，火已烧到最大，排烟温度已超过额定值，才能满足需要，这时应更换更大的炉子。

⑦将设备的运行状态与奖惩联系在一起。

对没有在合理状态运行的设备，应对其操作人员进行处罚。对设备运行单耗较低的，应对其操作人员进行奖励。以操作人员关心设备运行状态的积极性，主动了解什么是设备的合理运行状态，怎样将设备调整到合理运行状态。

第七节　将为公司创造效益作为追求

设备管理部门只有为公司创造效益才能体现自己存在的价值，才能凸显设备管理的作用。为此，应当在以下方面多做工作，这些工作能产生看得见的效益。

一、开发、引进新型设备

开发、引进高效、低耗、价廉的设备，可以为企业带来巨大的效益。如长庆油田开发的无基础抽油机每台可节省安装费5000元，2009年以来安装27500台，可产生1.3亿元效益；注水井带压洗井车实现了不泄压、不排水洗井，节省了泄压造成的时间损失、能量损失，效益较好；$25m^3/min$ 的高压压风机排量是老机型的2.5倍，大大提高了作业速度。

二、保持设备高效运行

提高设备运转效率，使设备额定参数与实际工况相匹配，避免大马拉小车或超载使用。提高易损件寿命，减少消耗。

三、开展修旧利废活动

将修旧利废工作作为一项长期任务。这里所说的修旧利废不是指一般的修理，而是指一般修理以外的修复，如过去换总成的，现采用修复零件的办法修复；过去废弃的，现在修复等。应以本单位消耗数量或资金较多的设备或零部件作为重点，如阀门、柱塞、油管、油杆等。这些工作可以依托社会力量进行。

四、及时处置闲置设备

当生产工艺发生变化时，要及时调剂、出租或处置闲置设备，使闲置设备发挥作用。在建设项目和改造项目中，应优先选用闲置设备。设备闲置时间长了，就会发生损坏，故应尽早处置，减少损失。调出一批闲置设备，可减少这些闲置设备每年按原值计提产生的无效折旧，从而为本单位创造效益。

五、进行技术改造

对与工况要求不匹配的设备、有条件改用低价能源的设备、有余热可利用的设备、功率因数低的设备等，进行技术改造，可产生很好的效益。如燃油改燃气或燃煤，利用太阳能、风能、空气能，无功补偿等。

六、降低修理费用

加强对修理全过程的监督，减少漏洞。换件内容要核实，旧件要回收。修理质量要测试验证。

第八节　基层设备管理工作方法

一、基层设备管理工作的意义

基层设备管理人员对设备接触最多，对设备的状况最了解，具有较多的实际工作经验。对设备的准确评价是制定技术政策的依据，这种评价应来自基层的使用报告，这些使用报告应由基层设备管理人员提供。基层设备管理工作意义重大。

二、基层设备管理的工作内容

（1）处理各种设备故障和事故。

（2）鉴定设备状况。

（3）审查送修申请。

（4）验收新投设备和送修设备。

（5）量化分析设备故障规律、消耗规律。

（6）评价设备性能。

三、基层设备管理的工作方法

1 勤快

要腿勤：多到现场，准确了解情况；嘴勤：多问，多了解情况；笔勤：每次到现场都要记录设备的相关数据；脑勤：多思考问题，探索问题的原因。

2. 主动

要主动了解设备情况，主动解决问题，主动请示汇报。要有年、月、周、日的工作计划，有序工作，主动工作。

3. 钻研

要不耻下问，向工人学习，向厂家人员学习，向工艺专业人员学习，向书本学习，带着问题学，容易收到较好的效果。要经常阅读技术期刊，掌握技术动态，学习别人的先进经验。遇到问题，勤思考，思路要开阔，要有备用方案。写材料要有深度、有见解，忌空话、大话、虚话。

要注意总结工作，每干完一项工作，写出总结报告，对问题的描述要量化，平时注意统计，不要用模糊词语，如故障频繁、消耗很大、效率低、老化等。评价设备，要说优点，也要说缺点。算经济效益，不能只算节约了多少，还要算投入了多少，要算投资回收期。论文要名副其实，每一个观点，要有证据支持，每个设备管理人员应争取每年至少发表一篇论文。

4. 勇于攻关

设备在使用中出现问题，尤其是疑难问题，设备管理人员要勇于解决。进行现场实地考察，了解情况并查阅有关资料，编写方案，反复试验和分析，亲自动手，或请教别人。

可以借助外界的力量来解决难题。在对外合作中，设备管理部门负责寻找合适的社会力量，落实费用，签订协议，检查考核等事项。对公司承担费用的创新项目，协议中一定要有成果共享的条款，要取得知识产权。

对设备管理人员来说，能修复的零件要尽量修复，不要轻易换设备、换总成。

要对生产中消耗大、寿命短、价格高、故障率高、有不安全因素的设备特别关注，它们是设备管理人员应予攻关解决的。对某些供应周期长、货源难寻的配件，要积极测绘、委托定作，不能一味等待，影响生产。

第三章 设备管理基本要求

第一节 设备管理部门的设立

一、设备管理组织机构的设置原则

（1）应体现统一领导，分级管理的原则。企业的设备系统要有统一的指挥，各级设备管理组织在规定的职权范围内处理有关的设备管理业务，承担相应的责任。

（2）有利于实现企业生产经营目标与设备系统的分目标，有利于设备管理作用的发挥，并力求精干、高效、节约。

（3）既要有合理分工，又要注意相互协作，贯彻责权利相统一的原则。

（4）要有利于贯彻设备管理基本原则，即设计、制造、购置与使用相结合；维护与计划检修相结合；修理、改造与更新相结合；专业管理与群众管理相结合；技术管理与经济管理相结合。

二、机构设立

1. 设总机械师或副总机械师

设备管理工作不是设备管理部门一家的事，它还牵涉到资产、工艺、物资供应（新机、配件、油品）、设计、安全、节能等部门。仅靠设备管理部门，许多问题是无法解决的，如配件质量问题、项目转资时资产的分割问题等。因此，很有必要在各厂设立一个由设备管理专业人员担任的总机械师或副总机械师，负责协调各部门间的设备管理问题。

2. 设立独立的设备管理部门

设备管理机构的设置有多种模式，有的和物资管理放在一起，有的和资产管理放在一起，还有的和生产运行放在一起，现在各油田公司的模式仍不一致，但较多的是设立独立的设备管理部门，这是比较合理的模式。理由如下。

（1）油田公司是地区性公司，虽然规模很大，但不是独立法人，没有产品销售权，与市场的联系不紧密。油田公司的主要任务是在规定的成本范围内完成规定的油气产量任务，即油田公司的主要任务是组织生产、降低成本，不是开拓市场和参与市场竞争。油田公司内部是严格的计划经济。因此油田公司机关的机构设置应当以专业化为主，而不应是“加强综合部门，削弱专业部门”。

（2）设备管理专业是以各种设备（其中以机械动力设备为主）为管理对象、对设备的一生进行全程管理的专业性很强的专业，是油田公司的三大技术专业之一，设备管理对企业的生产和经济效益有重要影响。设立独立的设备管理部门，有利于发挥设备管理部门的作用。

（3）各油田公司都是特大型企业，设备数量多、生产区域分散、工作环境恶劣，应该有较细的专业分工。

（4）有些单位的设备管理职能放在生产运行部门，生产运行部门的管理幅度太大，应缩小管理幅度。

（5）生产运行部门的应急事情常冲击设备管理专业的技术工作，使设备管理工作不能有序进行，在厂和作业区，该现象明显。应使技术工作与日常生产协调工作相分离。

（6）设备管理命令链太长，应予缩短，使设备管理部门的意见可直接反映至上级领导。

（7）由于油田公司的能耗主要发生在设备上，节能工作主要是在设备上节能，故应将节能并入设备部门。

（8）固定资产中最具活力的、最易发生变化的、最难管理的是设备，做好了设备的资产管理，就等于抓住了主要矛盾。将资产工作并入设备部门，可使资产工作运行得更准确、更有效，可使设备的技术管理与经济管理工作结合得更好。

当前国内外的发展趋势是将资产和设备进行一体化管理，尤其是在计算机管理软件方面，近年来，设备管理信息化已经由早期的计算机化的设备维护管理系统 CMMS（Computerized Maintenance Management System），向现代的企业设备资产管理系统 EAM（Enterprise Asset Management）发展。

EAM 的管理思想是将企业的设备资产作为企业的重要资源进行管理，以追求资产的优化和资产投资回报的最大化，利用计算机系统来控制设备资产管理的整个流程，并及时传递影响生产的有关设备运行和维护的信息，而使设备资产管理的数据信息成为企业信息化的一个重要组成部分，在优化的管理中，确保设备的生产能力得到最大化的利用。

因此，设立具有设备、节能、资产等管理职能的设备管理部门十分必要。油田公司应设立设备管理处，各采油厂设立设备管理科，各作业区应设立设备管理组。设备管理处（科）的一把手，应由设备管理专业人员来担任，因为一把手不仅是处（科）的负责人，而且是公司（厂）设备管理系统的负责人，要有足够的业务知识、业务经验来指导整个系统的工作。

3. 设立设备研究所

目前，各油田公司都没有专业的设备研究单位，设备管理力量也较薄弱，许多设备问题有待研究，为避免工作的盲目性，应在工艺院下设立设备研究所，其职责如下。

（1）设备状态监测。应用专用仪器、软件定期对大型压缩机、泵等设备进行体检。防止小问题酿成大事故，增加设备运行可靠性。吐哈油田有 4 人专门从事设备状态监测，积累了丰富的经验，此项工作走在全国前列。设备状态监测工作专业性强，不安排专业人员，难以开展工作。

（2）重大设备改造方案制定。

（3）新设备的开发、引进、试验、测试、评价。

（4）设备技术标准制定。

4. 设备修理监督站

市场化后，钻井有钻井监督、修井有修井监督、地面建设有监理，这些都是必要的。当设备修理市场化后，设备修理也需要监督。设备修理的许多内容相当于隐蔽工程，一旦组装起来，就无法看到内部了，如果没有监督，换件和组装情况就无法知道，质量难以保证。应对重要、大型、昂贵设备的修理实行监督，如大型压缩机、泵。

该站可设在公司技术监督单位或需监督修理的设备较多的单位，有的油田已设立。

三、设备管理部门职责

1. 油田公司设备管理部门职责

（1）制定油田公司设备管理制度，对油田公司所属所有设备进行全面管理。

（2）编制油田公司设备购置及更新改造计划，并组织实施。

（3）组织重大设备技术改造，组织新设备、新技术、新材料的应用推广工作。

（4）开展设备管理的检查、评比、考核、交流、培训活动。

（5）参加新建项目的设备选型工作和重大设备、引进设备的前期论证、调研工作。

（6）负责资产管理工作。

（7）负责能源管理工作。

（8）负责重大设备事故的调查处理。

（9）负责设备修理市场管理。

(10) 负责设备调剂、更新、报废的技术鉴定、审批工作。

(11) 负责设备管理方面的企业标准制定。

(12) 负责设备信息的汇总、分析与上报。

设备配置科负责制定设备购置计划，管理设备购置资金，要参与所有设备（包括进口设备和产能建设中的设备）购置的前期论证、选型。

设备技术科负责制定设备订货技术标准，评价设备性能，制定设备改造方案等。可按设备种类，设立若干个设备技术科。

节能科负责安排和考核总体节能工作，管理节能资金，统计分析总体能耗指标。设备的节能降耗、节能改造、节能产品推广应由设备管理人员负责。

资产科不仅要管理固定资产账目、提取折旧，还要管理设备的使用费用，测算主要设备的经济寿命，使设备和技术管理、经济管理结合起来。

2. 二级单位设备管理部门职责

(1) 制定本单位的设备管理制度，对本单位设备进行全面管理。

(2) 掌握设备使用动态和技术性能，及时处理设备使用中存在的问题，准确评价各种在用设备。

(3) 负责本单位设备购置计划和设备修理计划的编制、上报，组织实施设备修理计划。

(4) 开展设备管理的检查、评比、考核、交流、培训活动。

(5) 负责设备改造工作，参加新建项目设备选型、验收工作。

(6) 负责设备报废的技术鉴定和汇总上报，对已批准报废的设备负责组织回收上交。

(7) 负责资产管理和能源管理。

(8) 负责本单位设备管理的基础工作，及时准确地上报上级规定的各种报表。

(9) 负责一般设备事故的鉴定、处理和重大设备事故的上报，并参与处理。

3. 设备管理的范围

从纵向上讲，设备管理部门要负责设备一生的管理，从设备的购前论证到设备的报废处理；从横向上讲，设备部门要负责各种设备的管理，不仅是生产设备，还要负责抢险应急设备、安全防护设备、测试计量设备、化验分析设备、科研办公设备、网络及其维护设备等；从发展上讲，设备部门要为油田公司在设备上接近、达到、超过世界现有先进水平提出建议，并付诸实践。

从技术上讲，设备管理部门要负责设备的技术性能，保证油田公司使用先进、可靠、成熟的设备，使设备满足工艺的要求；从经济上讲，设备管理部门要负责设备的经济性能，保证油田公司使用的设备具有较低的寿命周期费用和较高的综合效率。

四、设备管理人员配备

现代企业的用人观念，早已不是“人多好办事”的小农经济观念，而是要“用最少的人办最多的事”。因此，定员须严谨，选人须严格，用人须合理。

（1）设备管理人员的配备量，应使设备管理人员不仅能完成上级交办的任务和解决基层反映的问题，而且有时间和精力去主动发现问题，提出解决方案，有时间看技术杂志和技术资料，了解本专业的技术发展动向，能对本专业的宏观工作提出建议。

（2）工作量应比较饱满，不应人浮于事，使人有无所事事之感。

（3）配备人员应根据实际情况有一定的灵活性。定员不应是一个固定的数字，而是随人员素质不同有所变动。同一工作，人员素质强，可少用人；人员素质弱，就要多用人。同一岗位，定员应根据工作区域的大小有所不同。工作区域分散，要多用人；工作区域集中，就要少用人。

（4）油田公司设备管理部门的人员应有 5 年以上基层设备专业工作经验（含厂机关），并且业务能力较强。各采油（气）厂、输油（气）处的设备管理部门应有 2 年以上基层设备专业工作经验。

（5）每个采油作业区，应配备 1 ~3 名专职设备管理人员，其中 1 名为工程师；每个天然气净化厂、输油大队、综合（抢险）大队应各配 1 名专职设备管理人员。

（6）上述专职设备管理人员都应是受过专业训练的、有正式专业学历的敬业员工。近年来，由于过分强调石油工程专业，导致专业比例失调。某油田在岗的设备管理人员有近 50% 无专业学历，许多基层设备管理人员缺乏基本的专业知识，工作成效很差。

第二节　建立设备管理制度

设备管理制度是开展设备管理工作的依据。制度的建立不是一劳永逸的事，要根据情况的变化，经常修订或制定制度。

（1）设备管理部门应收集整理设备管理的规章制度和规程、规范、标准等相关文件，具体应包括以下内容：

①国家的有关政策法规；

②上级的有关规章制度；

③油田公司涉及设备的管理制度；

④相关的国家标准、行业标准、企业标准。

（2）根据本单位的实际情况，建立本单位的设备管理制度。

①设备管理办法：关于设备管理机构设置，各级设备管理部门的职责、权利，有关设备资料、购置、安装、验收、使用、保养、修理、改造、报废、闲置、处置、事故等方面的规定。

②设备配备、配套标准。

③设备订货技术要求。

④设备消耗标准：包括能源、水、材料等的消耗标准。

⑤设备修理的价格标准。

⑥修理、修复的质量标准。

⑦主要设备的操作规程和保养规程。

⑧红旗设备、长寿机评比条件。

第三节 建立设备档案

设备档案是设备管理的依据之一，是进行设备技术、经济分析的基础。

一、建立健全的设备技术档案

（1）主要设备的技术标准、图纸、使用说明书、维修手册、配件目录、出厂合格证、装箱单等。

（2）特种设备的注册、检验资料。

（3）重要设备验收记录，安装、调试及试运转记录，设备投产移交手续。

（4）大型设备、贵重设备、进口设备的选型调研报告、采购合同、技术协议，更新改造、修理项目的论证报告、技术方案、合同等。

二、建立设备管理工作档案

（1）工作计划：月度计划、年度计划。

（2）专项计划：购置计划、修理计划、培训计划等。

（3）工作总结：月度总结、年度总结。

（4）专项总结：设备购置实施结果表、设备修理实施结果表、设备培训总结、其他专项实施总结等。每一项工作完成后都应有总结。

（5）设备调拨、售出手续。

（6）设备事故记录、调查报告、处理结果。

（7）设备修理合同、验收记录。

(8) 公务通知。

(9) 设备调研、考察报告。

(10) 设备评价报告。

(11) 设备检查、考核通报，表彰先进决定等。

(12) 设备年报表。

第四节　设备信息管理

进行设备技术经济分析，必须以大量的设备使用信息为依据。没有大量的、真实的、全面的设备使用信息，设备技术经济分析是无法进行的。如计算设备的经济寿命，不论用何种方法，都应知道设备每年的维持费（维修费用、能耗等）。比较几种设备的优劣时，应知道每种设备的使用费用、故障频率、使用寿命等。

设备报表反映了企业拥有的各种设备的型号、数量、分布、状态、能力，反映了设备管理的各项经济技术指标，给设备管理工作带来极大的便利，是做出设备决策、进行设备技术经济分析、评价各单位设备管理水平的依据之一。如果报表不准，对设备状况就没有清楚的了解，就会导致设备决策失误。

一、建立设备信息库

设备信息库的主要信息都来自一线。因此，在一线建立设备信息记录制度非常重要。在基层或现场应建立设备运行记录。推荐油田常用设备的运转记录格式如表3－1～表3－20所示，可以是电子表格或纸质表格，装订要求如表3－21所示。如有自动连续监测、存储、报警系统的，可省略或简化一些报表。当可从油气水井生产数据管理系统读取抽油机运转小时时，抽油机的运行记录可不设运转小时栏。当锅炉、加热炉、压缩机的压力、温度、流量等可从监控系统获取时，可省略相应的栏目。

表3－1　抽油机主要技术参数

型号	厂家	冲次/（次/min）	冲程/m	质量/t	减速器				电机		
					厂家	速比	扭矩/kN·m	润滑油品	厂家	功率/kW	转速/（r/min）

表3-2 抽油机运转记录

设备编号			设备型号		生产厂家	
月份	运转时间/h	修保及换件记录				维修费用/万元
1						
2						
…						
12						
合计						

表3-3 泵（压缩机）主要技术参数

设备名称		型　号		制造厂家		自编号	
资产编号		投产年月		原　值		安装地点	
项目	额定参数	项目	额定参数	润滑部位	润滑油品		
额定入口扬程（压力）/m（MPa）		额定流量/(m^3/h)					
额定出口扬程（压力）/m（MPa）		额定转速/(r/min)					
电机（发动机）功率/kW		泵轴功率/kW					
泵（压缩机）效率/%							

表3-4 泵（压缩机）运转记录

年　　月　　　　　　　　　　泵号:　　　　　　　　　　　　第　页

日期	班次	运转时间/h	累计运转时间/h	出口压力/MPa	实际排量/(m^3/h)	实际能耗/(kW·h)	工作记录	操作人
	一班							
	二班							
	三班							
	一班							
	二班							
	三班							

表3-5 泵（压缩机）维修保养记录

设备编号		型 号		安装地点		投产时间	
时 间	修保类别	修 保 及 换 件 内 容				保养人	费用/元

表3-6 加热炉主要技术参数

设备名称		型 号		制造厂家		自编号	
资产编号		投产年月		原 值		安装地点	
项目	额定参数	项目	额定参数	项目	额定参数		
功率/kW		排烟温度/℃		盘管排量/(m^3/h)			
盘管压力/MPa		设计效率/%		燃料耗量/(m^3/h)			
盘管入口温度/℃		盘管出口温度/℃		燃烧器型号			

表3-7 加热炉运转记录

日期	运行时间/h	锅水温度/℃	管程出口压力/MPa	管程进口压力/MPa	管程进口温度/℃	管程出口温度/℃	排烟温度/℃	燃料消耗/(m^3/h)	工作记录
1									
2									
…									
31									

表3-8 热水锅炉主要技术参数

设备名称		型 号		制造厂家		自编号	
资产编号		投产年月		原 值		安装地点	
项目	额定参数	项目	额定参数	项目	额定参数		
功率/kW		受热面积/m^2		燃料耗量/(m^3/h)			
出水温度/℃		设计效率/%		排烟温度/℃			
回水温度/℃		燃烧器型号		压力/MPa			

表 3-9 热水锅炉运转记录

年　月　日　　　　　　　　　　炉号：　炉

项目＼时间	0	2	4	6	8	10	12	14	16	18	20	22
出水压力/MPa												
回水压力/MPa												
出水温度/℃												
回水温度/℃												
炉膛温度/℃												
排烟温度/℃												
排烟含氧量/%												
后墙温度/℃												
炉膛压力/MPa												
燃料消耗量/(m^3/t)												
交接班记录：					交接班记录：				交接班记录：			

表 3-10 热水锅炉水质化验记录

年　月　日　　　　　　　　　　炉号：　炉

化验时间	化验员	锅炉给水					炉水	
项目		硬度	浊度	pH(25℃)	溶解氧	铁	pH(25℃)	磷酸根
指标数		<0.6 mmol/L	≤5.0 FTU	7~11	≤0.1 mg/L	≤0.3 mg/L	9~12	5.0~50mg/L
0~6h								
6~14h								
14~22h								

表 3-11 蒸汽锅炉主要技术参数

设备名称		型　号		制造厂家		自编号	
资产编号		投产年月		原　值		安装地点	

项目	额定参数	项目	额定参数	项目	额定参数
蒸发量/(t/h)		受热面积/m^2		排烟温度/℃	
蒸汽压力/MPa		燃烧器型号		设计效率/%	
蒸汽温度/℃		燃料耗量/(m^3/h)			

表 3－12　蒸汽锅炉运转记录

年　　月　　日　　　　　　　　　　　　炉号：　炉

时　间		0	2	4	6	8	10	12	14	16	18	20	22
锅炉压力/MPa													
蒸汽量/(t/h)													
锅炉水位表水位/±mm													
报警仪水位/±mm													
燃油（气）压力/MPa													
给水压力/MPa													
给水温度/℃													
炉膛压力/kPa													
炉膛温度/℃													
排烟温度/℃													
锅炉能耗	燃料/t(m^3)												
	水/m^3												

定期排污记录							锅炉运转记录	锅炉安全附件检查记录					
排污人	部位 / 时间/s	锅筒	集箱				本班运转时间/h	检查内容 / 时间	操作人	安全阀	压力表	水位计	高低水位报警仪
			前	后	左	右							
							一班						
							三班						
							三班						

本班运转情况及故障排除情况		
	一班	
	二班	
	三班	

说明：①压力表，每天锅炉负荷变化时，必须冲洗。水位表，每天交接班和锅炉负荷变化时必须冲洗。高低水位报警仪，交接班时，必须试验灵敏度。安全阀，每隔 15d 手动试压一次，每隔 30d 超压试验一次；②可以根据需要设计起止时间；③检查记录里每检查一次在相应的表格里画√。

表 3－13　蒸汽锅炉水质化验记录

年　　月　　日

项目指标 / 化验员		锅炉给水										炉水									
		硬度/(0.03mmol/L)		浊度/(≤5.0FTU)		pH(25℃)		含油量/(≤2mg/L)		溶解氧		pH(25℃)		溶解固形物		SO_3^{2-}		PO_4^{3-}/(mg/L)		全碱度	
		一次	二次	一次	二次	一次	二次	一次	二次	一次	二次	一次	二次	一次	二次	一次	二次	一次	二次	一次	二次
一班																					
二班																					
三班																					

表 3－14　机动车辆主要技术参数

整车型号			发动机型号		
项目	额定参数	项目	额定参数	润滑/部位	润滑油/品牌号
发动机功率/kW		最小离地间隙/mm		发动机曲轴箱	
发动机排量/L		乘坐人数/座		变速箱	
轴距/mm		总质量/kg		后桥	
百公里耗油/L					

表 3－15　机动车辆运转记录

日期	起止地点	当日/km	累计/km	加燃油/L	保养内容

表 3－16　机动车辆修保记录

日期	修保内容	换件记录	修保单位	修保人

表 3－17　随车工具清单及事故记录

随车工具清单		事故记录				
工具名称	数量	日期	事故内容	直接损失/元	设备损坏情况	停用/h

表 3－18　特种车辆（工程机械）主要技术参数

底盘车主要技术参数				台上部分主要技术参数			
整车型号		发动机型号		发动机型号		主要设备型号	
主要技术参数				主要技术参数			
项目	额定参数	润滑部位	润滑油品牌号	项目	额定参数	润滑部位	润滑油品牌号
发动机功率/kW				发动机功率/kW			
轴距/m				发动机转速/(r/min)			
载重量/t							
驱动形式							
轮胎型号							

表3-19　特种车辆（工程机械）运转记录

底盘车运转情况						台上部分运转情况				
日期	起止地点	当日/km	累计/km	加燃油/L	保养内容	工作内容	作业/h	累计作业/h	加燃油/L	保养内容

表3-20　特种车辆修保记录

底盘车修保情况					台上部分修保情况				
日期	修保内容	换件记录	修保单位	修保人	日期	修保内容	换件记录	修保单位	修保人

表3-21　设备运转记录填写及装订说明

运转记录名称	填写人	填写时间	内容填写要求	装订顺序
抽油机运转记录	小队	每月一次	每机一年一张运转记录表	按照抽油机主要技术参数（1页）、抽油机运转记录（100页）的顺序装订成册
泵（压缩机）运转记录	操作人	每个班（8h）一次	故障情况填写在工作记录栏内，一年一册	按照泵（压缩机）主要技术参数（1页）、泵（压缩机）运转记录（页数=1年用量）、泵（压缩机）维修保养记录（2页）的顺序装订成册
加热炉运转记录	操作人	每日一次	故障填写在工作记录栏，一年一册	按照加热炉主要技术参数（1页）、加热炉运转记录（12页）的顺序装订成册
热水锅炉运转记录	锅炉工、化验工	每2h一次	故障填写在交接班记录里，一年一册	按照热水锅炉主要技术参数（1页）、热水锅炉运行记录和热水锅炉水质化验记录（页数=1年用量）的顺序装订成册
蒸汽锅炉运行记录	锅炉工、化验工	每2h一次	一年一册	按照蒸汽锅炉主要技术参数（1页）、蒸汽锅炉运转记录和蒸汽锅炉水质化验记录（页数=1年用量）的顺序装订成册

续表

运转记录名称	填写人	填写时间	内容填写要求	装订顺序
机动车辆运行记录	司机	每天一次；每月由小队登记汇总	一年填写完一册	按照机动车辆主要技术参数（1页）、随车工具清单及事故记录（1页）、机动车辆运转记录（页数=1年用量）的顺序装订成册
特种车辆（工程机械）运转记录	司机	每天一次；每月由小队登记汇总	一年填写完一册	按照特种车辆（工程机械）主要技术参数（1页）、随车工具清单及事故记录（1页）、特种车辆（工程机械）运转记录（页数=1年用量）的顺序装订成册

1. 建立设备静态库

设计设备的静态参数字段时，应不同类型的设备设计不同的静态参数字段，字段应尽量全面、详细，尤其是主要设备，以便分类统计。初次建立静态库时，虽然复杂，但可为后期节省许多调查工作。

如抽油机，应有安装地点，整机的型号、厂家、出厂时间、投产时间、悬点载荷、冲程、冲次、结构不平衡重，各轴承型号、质量、外形尺寸；电机的型号、功率、电压、电流、转速、效率、防护等级、重量、厂家、出厂时间，皮带的型号及数量；减速器的型号、厂家、扭矩、速比、各轴轴承型号、齿形、各级齿轮模数、润滑油容积，润滑油型号、质量、出厂时间；控制柜的型号、厂家、出厂时间；变频器的型号、厂家、型号、出厂时间，原值等。

如压力容器，应有政府技术监督部门规定的注册表格中的所有内容。

2. 建立设备动态库

设备动态库包括：

（1）设备的运行记录：除记录时间（距离）外，重要设备还应记录状态参数，如锅炉的水质、能耗、水耗、锅筒压力、负荷、事故等；

（2）设备的修保记录：记录换件、换油、修理方案、修理数据、试验等情况，记录应具体；

（3）设备的调拨记录：调拨时间、调出单位、经办人、配套物品等。

涉及资金的动态数据，ERP中都有记录，有些纯技术的数据库需要单独建立信息系统，如状态监测、压力容器等。

数据库中的设备运行记录，应由岗位工人直接录入或自动录入。

设备运行记录是设备报表、设备信息统计的基础。设备运行记录不准确，设备报表、设备信息统计都会产生错误。设备运行记录应设计合理，能准确反映设备运行的各种真实信息；应实用简便，不要重复记录；应采用网络数据库形式，尽量不用纸质形式；能从其他渠道获取的，应设计成自动读取。

主要设备的运行记录应妥善保管，直至设备报废。

二、建立设备报表制度

（1）规定各级单位上报设备报表的时间和内容，规定设备管理指标的计算方法。

（2）填报范围

凡是油田公司拥有的，不论是从什么渠道购置的设备，都要进入设备报表。不管是设备购置资金、工器具资金购买的，还是项目资金、节能资金、安全资金、科研资金购买的，都必须列入设备报表。符合固定资产条件的设备，不论是否列入固定资产账，都应上报设备报表。设备报表应以实际拥有设备为准，这样才对设备管理工作有意义。

（3）准确填写记录，真实汇总报表。

记录和报表的数据一定要真实，不能为了凑指标，人为地改数据。报表不真实，就失去报表存在的意义了。如果指标达不到，查找原因，改进工作。如利用率低，可申请调出闲置设备，少要新设备，减少备用设备。

三、开展设备报表资料的统计分析活动

要从报表和设备数据库中分析各种设备的使用情况，提出改进工作的建议。如比较各采油厂活动设备的数量与产量、井数的比例，可以分析各单位设备配备是否公平；比较同类单位的设备折旧维修费用率，可以看出设备维修管理水平的高低；统计分析各厂各类设备的单耗，可看出各厂各类设备的单耗差距等。

四、设备管理ERP系统

ERP即Enterprise Resource Planning的缩写，意为企业资源计划。它是将物质资源、资金资源和信息资源集成一体化管理的企业信息管理软件系统。它以管理会计为核心，进行跨地区、跨部门、跨公司整合实时信息的企业管理。

目前各油田现都应用了ERP系统，其中的设备管理模块设立了设备基础数据、运行、维修、润滑、备件、故障、资产等多个数据库，并进行报表统计。长庆油田应用的ERP设备模块已实现了：与资产信息系统关联，不论何种资金渠道购置的设备，只要转资，同步出现在设备管理信息系统中，克服了过去大量设

备在设备台账和报表中漏报的现象；与财务信息系统关联，在财务报销的设备修理费同步进入设备管理信息系统，使设备管理人员及时掌握准确的设备修理费用；部分设备运行数据的自动录入，如抽油机的运转时间从油气水井生产管理系统读取。

（1）ERP 使用中应注意如下问题：

①在使用 ERP 时，若仅填写运转时间，而不将设备修理、换件、事故、能耗等资料输入系统，将大大削弱该系统存在的意义，也影响设备管理水平的提高；

②在应用该系统时应注意：漏报设备、型号不对、参数不对、归类不对等导致汇总数据错误，同一种设备，各单位选的设备编码不一样，导致同一种设备不能汇总，为防止这种情况，可在下达采购通知单或核销转资时，由公司设备管理处规定应选的设备编码，列在相关的表单上，同样的设备各单位都遵守相同的代码；

③应将化验、检测、办公、网络等设备录入该系统，因为这些设备的配置也由设备管理部门负责，过去常因设备管理部门没有这些设备的台账，造成盲目配置，这些设备进入系统后，不需要每天填报运转记录，可以每月或每年填报一次；

④在应用 ERP 系统时，应将数据录入权限尽量下放，最好是岗位工人直接录入，若厂或作业区录入，工作量大，录入不及时，易出差错。

（2）ERP 设备模块应进一步提高水平，解决以下问题：

①尽可能实现运行数据的自动录入，如通过 GPS 系统与 ERP 的关联，实现车辆行驶公里自动累计同步进入设备信息系统，通过 SCADA 系统与 ERP 的关联，实现泵、炉、压缩机等的运行时间自动累计同步进入设备信息系统等；

②与采购信息系统关联，设备购置数据同步共享；

③用技术手段强制完整录入主要、关键设备的技术参数，保证参数的完整；

④主要设备维修、改造、更新决策分析功能；

⑤自动提醒工作功能；

⑥建立设备编码与物资编码、资产编码的换算表，固化设备分类与物资分类、资产分类的对照关系，便于实现数据共享；

⑦要求设备制造厂家在产品上标注二维码，建立与之关联的资料库，用户通过扫描二维码，可读取相关资料，并导入 ERP 系统。

五、其他设备信息管理系统

ERP 系统主要侧重资金、资产等方面，缺少技术管理方面的功能，不足以满足设备管理的全部需要，还可以开发有实用价值的系统。

1. 闲置物资调剂系统

大庆油田公司 2016 年开发了“资源淘宝系统”，该系统具有信息共享、需求发布、模糊查询、交易管理等功能，可淘资产、淘物资、淘创新技术、淘修复能力，有效地推动了油田闲置资源的再利用和技术创新的推广。

2. 特种设备管理系统

根据各类特种设备的特点，按政府技术监督部门规定的格式、项目建立各种特种设备数据库。系统中还设立到期检验提醒，保存修理技术方案、检验报告、试验报告、检查记录、外观照片等技术资料。

3. 设备状态监测系统

将主要设备的状态监测数据、故障数据、修理技术数据录入，自动绘制各种历史曲线，预测变化规律，发出预警信息。

4. 设备购置信息系统

制定设备购置申请各字段的填写规范。基层从系统内申报购置申请，系统自动归类、统计。

这些信息系统，都牵涉到与 ERP 的关联。如特种设备管理系统中有设备的技术参数、修理资料、调拨等信息，ERP 中也有这些信息，应在开发这些系统时，做到与 ERP 系统互通，可直接从这些系统将这些信息导入 ERP。

这些信息系统应具有搜索、提醒、共享、论坛、分类汇总等功能。

六、加强设备管理信息的交流

经常宣传设备信息工作的意义，提高设备管理人员对设备信息工作的认识。每半年对各单位设备信息系统的工作进行一次通报，表扬好的，批评差的，指出错误，提出改进方向，逐步提高设备信息工作的准确性、及时性，使设备信息系统能真实反映各单位的设备状况，成为设备管理工作的有效资源，成为做设备管理决策时可信赖的依据。

应在本单位的网站上开辟设备管理网页，将设备报表、设备管理制度、设备管理经验、设备改造技术、新设备使用情况、国内外相关设备的发展动态等信息送上网络，便于工作交流，提高工作效率和质量。

第四章　设备配置管理

进行设备配置时，首先应考虑闲置设备的利用，其次可考虑购置或租赁，还可考虑业务外包。总之，要以最小的投入获取最大的效益。

设备购置按资金来源分，有固定资产投资（计划）和折旧返还资金（财务）；按形成的部门来分，有节能、安全、科研、设备等；按实施途径分，有在建设项目中形成和在设备购置资金中形成，前者由建设项目组掌握，后者由油田公司设备管理部门掌握。两种购置的结局是一样的，都转为固定资产。

过去曾有总部下达的非安装设备购置资金，但仅应看作是资金的名称而已，其使用范围不应局限于非安装设备。因为油田公司的主要设备是安装设备，如果设备管理部门掌握的资金不能用于主要设备，将大大弱化这项资金的意义、弱化设备管理的作用。

油田公司设备管理部门掌管的非安装设备购置资金和折旧返还资金，在采购完成后，全部转为固定资产，从资金的结局上看，两者一样，应捆绑使用。这两项资金适用于安装设备的购置和改造。当设备的改造资金转为固定资产后，设备净值增加，这时用新度系数反映设备的新旧程度才较为准确。

根据实际工作现场经验，每年应至少安排相当于设备购置资金的1/10用于安装设备的改造。

设备购置资金购置的设备要符合这几个条件：一是单价2000元以上；二是使用期限1年以上，井下工具尽管有的价值超过2000元，但只能算易耗品，不能算设备；三是能独立进行工作，如配件，尽管有的价值超过2000元，但不属于设备。设备购置可由公司统一进行，也可给各二级单位下放部分权限。

购前论证是预测设备可能达到的情况，用后评价是分析设备实际使用情况。用后评价是验证购前论证的准确性的必要步骤，可为其他设备的购前论证提供借鉴。购前论证和用后评价是设备购置的两个关键环节，缺一不可。每一个环节，都应从必要性、技术性能、效益三个方面进行分析。

第一节　制定设备配置的技术政策

在设备配置工作中，存在重视选型选厂，不重视前期论证和后期评价；不算经济账、不考虑利用率，争要新设备等现象，造成许多设备闲置。

根据各单位的情况及各种设备的使用、配置情况，制定各单位、各类设备配置的技术政策，避免重复错误。

技术政策包括以下几个方面。

（1）制定设备配置的原则。规定各类设备的配置方式是购置，还是租用，或是将工作对外委托。不规定配置原则，会造成工作的不确定性，造成浪费。如有的采油厂要自己开展修井业务，公司配备了修井设备，后期修井业务要市场化，采油厂不再自己开展，结果造成几百万的设备闲置。

（2）制定闲置设备调剂办法，鼓励使用闲置设备。在配置设备时，优先考虑闲置设备。同类设备有闲置的，就不能购新的。

（3）若是购置，规定购置设备的形式、型号、配套方式、技术要求。

（4）制定设备配置标准。调查各类设备的工作制度，测算各类设备的工作量，规定各类设备合理的配置数量、规格，以指导设备配置工作。

（5）规定新型设备引进、开发、试验、推广的程序。由设备管理部门考察了解新型设备信息，筛选适合本油田的设备进行试验，由使用单位、检测单位出具使用情况说明书，设备管理部门据此提出推广意见书，经公司领导审定后，交评价报告给设计部门以在新产能建设中采用。

（6）确定试制、试验、试用新设备项目。设备管理人员要经常阅读技术杂志，参观相关展览；经常关注石油行业最新技术发展动向；了解国内外新型设备开发、使用信息；引进、试验适合本油田的、能产生高效益的设备。在引进、试验新设备中，应广泛采取先试用、后付款，用户不满意，厂家自己拉走这种形式，避免引进、试验的风险。在没有适合本油田需要的现成设备的情况下，应根据本油田实际情况，提出技术要求或总体方案，选择厂家生产，开发适合本油田需要的设备。

设备管理部门要把为油田引进、开发先进设备，改造老旧设备，推动技术进步，作为自己最重要的工作。这些工作能显著地提高油田设备技术水平，降低生产成本，体现设备管理工作的价值。对油田公司出资，与厂家合作开发、试验的新设备，要在技术协议中注明成果共享的条款，以获得知识产权，保护自己的利益。

(7) 规定各类设备的发展方向。这样可以减少重复试验，减少浪费，加快先进设备的推广速度。在产能建设、设备购置和设备改造中，大量采用试验成功的新型设备，使设备的技术水平、效率在高起点起步。

长庆油田公司2009年以后关于抽油机的政策是：全部推行游梁平衡、无水泥基础、低冲次（$5min^{-1}$、$3.5min^{-1}$、$2.5min^{-1}$）、集中润滑模式、统一制造图纸。

第二节　前期论证

不论何种渠道购置设备，都应进行前期论证，这是保证设备投资效益的关键。只有充分地、准确地进行前期论证，才能防止投资失误、防止设备闲置浪费。由于论证不充分、不合理或干脆没经过论证，造成新购设备闲置的事例很多。

项目建设中的设备购置的前期论证，一般随项目论证一起进行，随项目一起进行各种审查。设备管理部门应参加到这些论证和审查中，提出自己的意见。因这些论证和审查，一般不是由设备管理部门组织，故不多述。

设备购置资金中安排的设备购置的前期论证，应由设备管理部门组织。论证应包括以下三个方面。

一、必要性

欲购设备是否是工作中必需的？对工作效果有多少改善？现有同类设备的数量、利用率是多少？设备购回后的利用率是多少？多长时间工作一次？每次的工作时间多长？可否租用设备或委托其他单位协作？

二、效益

欲购设备的价格、能力、效率、能耗、水耗、材耗、维修费用、寿命、用人等是多少？投资回收期是多长？租用设备或委托其他单位协作经济还是自己拥有经济？有无经济效益和社会效益？

三、技术性能

欲购设备的参数、配置是否满足工作需要？是否存在功能过剩或不足？技术上是否先进？有无国内使用业绩？现有的工艺模式、管理水平和人员技术素质是否适应？安全、环保是否符合要求？

论证应实事求是，依据充分。不能先定结论，再围绕结论进行论证。只有经过论证，在上述三方面同时认可的设备才能购置。

第三节　设备购置程序

一、提出计划

由设备使用单位提出设备购置申请计划，贵重设备应附论证报告，论证报告应包含上节所述的三个方面的全部内容。申请计划应包括欲购设备的型号、数量、厂家、价格、购置理由、现有同类设备的状况等，计划应有厂处领导的审核签字。

设备购置计划不应由上级部门提出。由上级部门提出的设备购置计划，多存在脱离实际的问题。如某油田给各采油厂配备了价值 150 多万元的奔驰越野卡车，10 年行驶不到 1×10^4km。

二、编制公司的采购计划

油田公司设备管理部门对各使用单位的计划进行审查、筛选，编制油田公司的设备购置计划，报请油田公司办公会或主管领导批准。

采购计划的编制原则：

（1）固定设备的改造，只考虑不能满足工艺要求的设备，一般不考虑因老化而要求更新的设备；

（2）租用或外包业务更经济的设备不购置；

（3）有闲置设备可以利用的，不应再购置同类新设备；

（4）基层无需求的设备不购置；

（5）利用率不高的设备慎购；

（6）与工艺要求、管理模式不符的设备不购置；

（7）技术不成熟的设备不购置；

（8）与关联交易企业有业务冲突的设备不购置。

三、组织技术交流

对列入油田公司设备购置计划的设备，由公司设备管理部门组织，使用单位、采购单位、工艺部门参加，邀请多个生产厂家介绍产品，筛选对用户适用的设备。

对首次采购的大型的、贵重的、重要的设备，应去用户处了解该设备的实际能力、消耗、故障率、维修费用、安全性、便利性、排放指标、售后服务等各方面情况，去生产厂家考察工厂的设计制造能力、质量控制体系、试验条件等。

四、制定订货技术要求

由设备使用单位提出设备的订货技术要求，应包括以下内容。

（1）使用环境要求：地点、海拔、气候、是否露天、是否连续工作等。

（2）参数要求：对设备性能、参数的量化要求。

（3）配置要求：应随设备配套的、含在价格内的物品，如附件、资料、工具、配件、软件等；较大的物品，还应有单独的参数、配置、功能、品牌等要求。

（4）功能要求：设备所具有的功能描述。

（5）质量要求：产品应遵循的质量标准，可提出自己的质量要求，未涉及部分遵守国家标准或行业标准；质量保证期限及内容。

（6）安全、环保要求：规定运动、高温部位的防护，电气的防护、防爆级别，要保证设备本质安全，排放符合标准要求。

（7）其他要求：安装、调试、培训等。

该工作不应由油田公司的设备管理部门做，因为油田公司的设备管理部门对现场的工艺条件、使用状况不如使用单位清楚。

对于产能建设中购置的设备，尤其是数量大的设备，如抽油机、加热炉、锅炉、输油泵、注水泵等，公司设备管理部门应提出统一订货技术要求，征求使用单位、制造厂家意见后，形成正式文本，交给采购部门作为订货合同的附件。

五、采购

油田公司设备管理部门向物资采办部门发采购公务通知单，并附订货技术要求（技术协议）。物资采办部门组织招标、与厂家商谈价格、签订合同。技术协议是合同附件。

采用招标方式时，招标文件的编写非常重要。招标文件应能充分体现需方的要求。供方的业绩、能力，产品的技术要求，评分规则等应准确、恰当地描述。同一种设备，至少有两家以上的供应商，防止形成垄断。

六、验收

使用单位按照合同及附件验收，出具验收证明。验收分静态验收和动态验收。静态验收指设备不运转，只进行外观验收、清单验收；动态验收指设备投入使用，进行技术指标验收。成熟产品、静设备可以按静态验收，新产品、动设备、大型设备或本单位未使用过的产品、改造项目等应按动态验收。

过去设备验收中存在以下问题：由于订货的人不验收，验收的人不订货，中间存在脱节现象，未严格按照合同和技术要求验收，导致订货要求不落实。如采购的是 YD120－50×12 离心泵，实际安装的是 10 级泵；订货技术中要求泵的出入口为平进平出，但安装的泵却是平进高出。这些问题反映出验收环节未认真把关。

七、转资

设备使用单位凭领料单或发票，经设备管理部门签认后，到资产部门办理固定资产转资手续。当年的购置计划，应当年完成，当年核销转资。完成了核销转资，才算完成了购置计划。近年来由于招标及合规等多种因素，造成当年的核销率很低。从事设备购置工作的人员应加快工作进度，尽早下达计划，加强跟踪、督促、协调，提高核销率。

第四节　用后评价

设备的用后评价是设备选型、改造的依据。只有准确地评价设备使用后的效果，才能避免错误的延续，才能找到正确的设备选型方向。

一、评价新购设备的必要性

（1）了解设备利用程度，工作量是否饱满？工作能力是否过剩或不足？

（2）与工艺要求是否匹配？能否适应工作条件？是否达到预期的效果？

二、评价新购设备的性能

（1）设备能力评价：应进行运转测试，以确定设备能否达到额定参数和订货技术要求。测试前，应将设备调整到合理状态。大型设备应编制满负荷测试方案，应进行必要的测试，如锅炉、加热炉的出力能否达到额定出力；压缩机和泵的压力、排量、效率能否达到额定值。

（2）设备质量评价：收集新购设备的投产时间，累计运转时间，故障的次数、类型、修复时间、修理费用等信息，了解设备的操作便利性，确定质量是否在认可的范围内。

(3) 设备消耗评价：记录设备运转时的各种消耗，如能耗、水耗、润滑油耗、材耗等，同时记录产量、负荷，确认设备消耗是否符合订货要求。

准确计量设备的实际消耗是评价的基础，计量、计算方法要正确。如计算电机耗电，不能用铭牌功率；计算柴油机能耗，不能用理论油耗乘最大功率。比较效益时，不能只比消耗少了多少，还要看完成的工作量少了没有，要比完成单位工作量的消耗是否减少。

对有多家供货的设备，可组织现场使用比赛，事先拟定比赛规则和评分标准，由厂家人员操作本厂的设备，完成同样的工作，比较各家设备的优劣。长庆油田公司曾开展过液面测试仪器的现场使用比赛，准确评价了各家仪器的好坏。

三、评价新购设备的使用效益

从经济效益和社会效益两方面分析新购设备的使用效益。

(1) 经济效益评价从设备配套情况及价格，消耗品价格、单耗，维护修理费用，寿命，生产效率等方面进行，核心是计算投资回收期。

(2) 社会效益评价从健康、安全、环保等方面进行，如劳动强度、职业危害、事故隐患、三废（废液、废气、固体废弃物）排放、噪声、对生态环境的影响。

第五节　采用多种方式合理配置设备

设备配置是设备管理部门的一项重要工作，但过去在石油行业常常是重视采购新设备，不重视调剂利用闲置设备，不重视租赁等其他配置手段。购置成了配置的唯一方式，在有时或有的设备管理部门甚至成了主要工作。这种思想应予转变。

(1) 对社会上、关联交易单位大量存在的设备，应不购置或少购置，尽量租用，如卡车、大客车、推土机、装载机等。对可以依托关联交易单位，并且关联交易单位已拥有的专用设备，也不应购置，如钻机、压裂车等。

(2) 对辅助业务，采用社会化服务。随着社会的发展，专业分工越来越细，应尽量依托其他专业单位，不必什么都自己搞，不必小而全，这样不仅可以减少员工，而且可以节省费用，使基层管理人员集中精力抓主要工作。尽量采用雇用队伍，自带设备，承揽劳务的方式。如对边远地区的油井，需利用伴生气发电以解决采油用电问题，对此可采取这种模式：让燃气发电机厂家自带发电机来现场发电，采油厂与燃气发电机厂家只结算电费，不负责发电机运行、维护，也不购买发电机。

（3）对某些新技术、新设备，可采取费用总包模式。如电潜泵厂家自带设备承担某区域的采油工作，油田负责制定生产方案、监督执行、产量验收。这样可弥补投资的不足，减少油田承担新型设备试验的风险。

（4）对工作量少、利用率不高、专业性强的设备需求，可考虑工作量外委，不必自己配置，如某些科研设备。

（5）公务车的配置模式，应实行货币化用车，费用指标到人。

（6）购置设备不一定全部购新设备，必要时，可购置二手设备。

1998 年，长庆气田投产初期，长庆石油勘探局为了利用天然气，以 2418 万元/台价格，从北京热电厂购置了 2 台该厂的备用机组，1976 年出厂的日立 PG5301N 型燃气轮机发电机组，单机功率 21. 7MW。1999 年 8 月，这 2 台燃气发电机组在靖边投产，2005 年扩建余热回收系统，增加 2 台余热锅炉和 1 台汽轮发电机组。

GB 13223—2011《火电厂大气污染物排放标准》规定天然气燃气轮机组氮氧化物（以 NO_2 计）的排放浓度限值 50mg/m^3，2 台机组 NO_2 气体排放含量均超过了 130mg/m^3，无法达到国家标准。改造投资巨大，因此停用。截至 2014 年 2 月 19 日，1$^\#$机组累计运行 86286h，2$^\#$机组累计运行 93179h。

这是一个投资效益极佳的案例。

第五章　设备使用管理

第一节　基本要求

（1）设备投产前必须建立各种管理制度、操作规程和修保制度，并使有关人员熟知。

（2）设备的使用必须人机相对固定，实行定人、定机、定岗位职责。一班或一人操作的设备，由操作者负责；两班或多人操作的设备，必须建立交接班制度和机长负责制，在机长的组织领导下，严格执行各项制度，用好设备。设备应达到：能力充足、消耗合理、排放达标、部件齐全、仪表灵敏、安全可靠、资料准确、不漏油气水电。

（3）要严格执行设备操作规程和保养规程，做好“十字作业”：清洁、润滑、紧固、调整、统计。禁止违章操作，预防设备事故的发生。设备不得带病运行或超负荷使用。如遇特殊情况时，必须有可靠的依据，采取有效措施，经有关领导批准后，方可进行。

（4）要根据工作性质合理选择设备，避免大马拉小车，避免设备超负荷运行，避免把特种设备当普通设备使用。要合理调整设备参数，使设备在最佳状态运行，提高系统效率。

（5）对设备应实行巡回检查制度，明确规定各种设备的巡回检查路线、项目和要求，并认真执行。对活动设备应实行回场检查制度，明确规定检查内容，并有检查记录。

（6）特种设备（《中华人民共和国特种设备安全法》中规定的涉及生命安全、危险性较大的锅炉、压力容器、压力管道、电梯、起重机械、客运索道、大型游乐设施和场内机动车）投产前必须按国家规定，向负责特种设备安全监督的部门办理使用许可证，并遵守该法的各项规定。

机动车辆投产前必须到当地车管所办理行驶执照，到当地国税局办理购置附加税，到保险公司办理交通强制保险。

（7）设备操作人员应做到“三个培训”：新设备投产前，操作人员要培训；新人员在操作设备前要培训；改造后的设备投产前，操作人员要培训。设备操作人员必须“四懂”：懂性能、懂原理、懂结构、懂用途；“三会”：会操作、会保养、会排除故障。关键设备、大型设备、高压设备、精密设备和进口设备的操作人员，必须进行操作前培训，并经厂设备管理部门考核合格，才能上岗。国家或上级规定必须持证上岗的工种，操作人员必须持有有效操作证，如焊工、电工、起重机司机、厂内各类机动车辆司机、锅炉工、锅炉水质化验工、大型空气压缩机工等。

（8）开展长寿机和红旗设备竞赛活动，调动操作者用好设备的积极性。

红旗设备是本单位同类设备中的最优者，应是出力、消耗、寿命、机况等方面可做表率的设备，是有示范意义的设备。长寿机是同类设备中在一定条件下使用达到规定年限的设备。两者定义不一样，可能有交集。红旗设备可每年评选，长寿机可对达到标准的设备只奖励一次。这两种竞赛都应发奖状和粘在设备上的奖励标志，以便示范。

（9）设备状态监测是预防设备故障的有效手段，要得到较准确的诊断意见，就要有得力人员和必要手段。油田公司应建立设备状态监测站（设备流动医院），推动这项工作的开展。

第二节　设备油水管理

设备的用油、用水，对设备的运行和寿命影响很大。保证设备用油、用水的规范，是设备管理人员的重要职责。

一、润滑基本知识

（1）润滑的作用

润滑具有降阻、减磨、冷却、防腐、减振、密封等作用。

（2）润滑剂的分类

①根据应用场合分类：现行国家标准 GB/T 7631. 1—2008《润滑剂、工业用油和有关产品（L类）的分类　第1部分：总分组》，润滑剂、工业用油和相关产品的分类如表5－1所示。

表5-1 润滑剂、工业用油和相关产品（L类）的分类

组别	应用场合	组别	应用场合
A	全损耗系统	N	电器绝缘
B	脱模	P	气动工具
C	齿轮	Q	热传导液
D	压缩机（包括冷冻机和真空泵）	R	暂时保护防腐蚀
E	内燃机油	T	汽轮机
F	主轴、轴承和离合器	U	热处理
G	导轨	X	用润滑脂的场合
H	液压系统	Y	其他应用场合
M	金属加工	Z	蒸汽气缸

每种润滑剂还有具体的分类方法。

②按黏度分类：除内燃机油、车辆齿轮油和润滑脂外，其他油品按40℃时的运动黏度（mm^2/s）范围的中点值划分。

③按润滑剂的形态分类：液体润滑剂、半流体润滑剂、固体润滑剂、气体润滑剂。

（3）润滑油脂的主要理化指标

①黏度：黏度是油品的内摩擦阻力，表示黏稠程度，是油品的主要指标。它是与温度联系在一起的。

动力黏度表示液体在一定切应力下流动时的内摩擦阻力，单位为Pa·s。

运动黏度表示液体在重力作用下流动时的内摩擦阻力，单位为m^2·s。它是动力黏度和同温度下的密度之比。

②黏温性能：黏温性能是指油品黏度随温度变化而变化的程度。它有两个评价指标。

黏度指数是用黏温性能较好（黏度指数为100）和较差（黏度指数为0）的两种润滑油为标准油，以40℃和100℃时的黏度为基准进行比较而得出。它有专门的计算方法（GB/T 1995—1998《石油产品黏度指数计算法》）。其值越大，黏度受温度变化而影响的程度越小。

黏度比是同一油品低温黏度与高温黏度的比值。其值越大，表示黏度受温度变化而影响的程度越大。

③闪点：指油品在规定条件下，加热到所逸出的蒸气与空气所形成的混合气与火焰接触发生瞬间闪火时的最低温度。它分开口闪点和闭口闪点，一般开口闪点高于闭口闪点。

④燃点：指油品在规定条件下，加热到它的蒸气能被接触的火焰点着并燃烧不少于5s时的最低温度。

⑤凝点：指油品在规定条件下，冷却至停止流动时的最高温度。

⑥倾点：指油品在规定条件下，冷却至能够流动时的最高温度。

⑦水分：指油品中含水量。

⑧机械杂质：指油品中不溶于汽油、乙醇和苯等溶剂的沉淀物或胶状悬浮物。

⑨残炭：指油品在热与氧共同作用下受热裂解缩合和催化生成的残留物。

⑩灰分：指油品在规定条件下被灼烧炭化后，所剩残留物经煅烧所得的无机物。

（⑦⑧⑨⑩四项指标都以质量分数表示。）

⑪稠度（针入度）：表示润滑脂的软硬程度，其值越大，表示润滑脂越软。

⑫滴点：表示润滑脂的抗热特性。以加热脂时，第一滴油滴落时的温度表示。

（4）内燃机油的型号表示方法

以SE 10W/30为例，左边第一位字母表示油品类型，S表示汽油机油，C表示柴油机油。左边第二位字母表示油品的质量等级，A为最差，往下依次提高。10为黏度等级，数字越小，适用的温度越低，W为冬季用油，30也为黏度等级，10W/30组合表示是冬夏通用油。

（5）换油指标

换油指标如表5-2～表5-5所示。

表5-2　柴油机油、汽油机油、普通车辆齿轮油换油指标

项目	柴油机油			汽油机油		普通车辆齿轮油
	CC	CD、SF/CD	CF-4、CH-4	SE、SF	SG、SH、SJ（SJ/GF-2）、SL（SL/GF-3）	
运动黏度变化率（100℃）/%　>	±25		±20	±25	±20	+20或-10
碱值下降率/%　>	50					
正戊烷不溶物质量分数/%　>	2.0			1.5		2.0
铁含量/(μg/g)　>	200（100）	150（100）	150	150	70	0.5

续表

项目	柴油机油			汽油机油		普通车辆齿轮油
	CC	CD、SF/CD	CF-4、CH-4	SE、SF	SG、SH、SJ（SJ/GF-2）、SL（SL/GF-3）	
铜含量/(μg/g) >			50		40	
铝含量/(μg/g) >			30		30	
硅含量/(μg/g) >			30		30	
酸值增值（KOH)/(mg/g) >	2.5			2.0		0.5
闭口闪点/℃ <	130			100		
水分质量分数/% >	0.2			0.2		1.0
引用标准号	GB/T 7607—2010，括号内的数据适用于固定式柴油机			GB/T 8028—2010		SH/T 0475—92

表5-3　工业闭式齿轮油、液压油换油指标

项　目	L-CKC 工业闭式齿轮油	L-HL 液压油	L-HM 液压油
运动黏度变化率（40℃)/% >	±15	±10	±10
正戊烷不溶物/% >			0.10
酸值增值（KOH)/(mg/g) >		0.3	0.3
酸值降低/% >			35
水分/% >	0.5	0.1	0.1
机械杂质/% ≥	0.5	0.1	
铜片腐蚀（100℃，3h）≥	3b	2	>2a
梯姆肯 OK 值/N≥	133.4		
外观	异常	不透明或浑浊	
色度变化（比新油)/号≥		3	>2
引用标准号	SH/T 0586—2010	SH/T 0476—92	NB/SH/T 0599—2013

表5-4　重负荷车辆齿轮油、空压机油换油指标

项　目	GL-5重负荷车辆齿轮油	轻负荷喷油回转式空压机油
运动黏度变化率/%　>	+10～-15（100℃）	±10（40℃）
正戊烷不溶物/% >	10	0.2
酸值增值 KOH/(mg/g)　>	±1	0.2
铁含量/(μg/g)　>	2000	
铜含量/(μg/g)　>	100	
水分/% >	0.5	0.1
氧化安定性/min <		50
引用标准号	GB/T 30034—2013	NB/SH/T 0538—2013

表5-5　有机热载体换油指标

项　目		报废指标	试验方法
闪点（闭口）/℃		≤60	GB/T 261
运动黏度（40℃）/（mm^2/s）	L-QB、L-QC	>50	GB/T 265 GB/T 11137
	L-QD	>60	
残碳（质量分数）/%		>1.5	GB/T 268 SH/T 0170 GB/T 17144
酸值（以KOH计）/(mg/g)		>1.5	GB 24747—2009
水分/(mg/g)		>1000	GB/T 11133 SH/T 0246
5%低沸物的馏出温度/℃		≤在用有机热载体系统的回流温度	GB/T 6536
引用标准号		GB 24747—2009	

二、设备润滑管理

(1) 设备用油严格执行“六定”：

①定人：规定每台设备每个部位的润滑负责人；

②定质：规定各润滑部位使用油品的质量和牌号，如找不到规定的油品，则代用油品的理化指标不能劣于原定油品，代用油品的选用必须经厂设备管理部门批准，必要时请示油田公司设备管理部门；

③定时：规定各润滑部位进行润滑工作的时间间隔，提倡定时检测，按质换油；

④定点：规定每台设备上的润滑点数；

⑤定量：规定每个润滑点上的润滑油量；

⑥定法：规定加注的方法。

（2）各种油品要做到密闭过滤、密闭输送、密闭保存、密闭加注。各种油品储运设备和容器必须专用，不准混用。

（3）润滑油的选用：

①按设备使用说明书的要求选油；

②根据设备类型确定油品组别；

③根据设备工况确定油品性能。

摩擦副负荷大时，应选黏度大、油性或极压性良好的油或稠度小的脂；摩擦副运动速度高的，选低黏度油或稠度大的脂；摩擦副制造精度高、间隙小的，应选黏度小的油；工作温度高的，选黏度大、闪点和凝点较高的油或稠度小、滴点高、耐高温的脂；温度范围变化大的，选黏温特性好的油；环境湿度大的，选抗乳化性好、油性和防锈性能好的油或脂。

（4）制定设备用油定额，并严格执行。

（5）治理设备漏油。

（6）在润滑点加注困难或加注点较多的设备上推行自动注脂、集中注脂。

（7）探索用国产油替代进口油，以降低用油成本。

（8）使用油品添加剂、滤油机等，延长换油周期，努力探索设备节油新途径。

（9）做好润滑记录。

（10）定时检测油质，探索合理换油周期。过去，行业标准和厂家说明书中都规定，抽油机减速器半年换油。经过试验证明，这是极不合理的，从技术指标上讲，至少可以3年换1次油。

（11）推广小包装脂。现在采用的较小的是5kg桶装，需人工填入注脂枪，易脏手、污染脂，应推广与注脂枪容积相配的400g包装的脂。

三、设备用水管理

（1）设备用水措施

设备用水应采取防垢、防腐、防冻措施。

（2）设备用水要求

①一般设备用的排放冷却水应采用清洁的、不含腐蚀性物质的、矿化度不高的水。

②一般设备用的循环冷却水要求弱碱性的清洁水，不得含有腐蚀性的化合物。其指标要求如下：

硬度	0.7～5.3mg/L
氯离子含量	小于150mg/L

pH 值　　　　　　　7 ~ 9

③热力设备（如锅炉、加热炉等）、冷却系统开式循环的设备用水必须使用符合要求的软化水。

④其他设备应使用质量可靠的防冻液。

（3）防冻液使用注意事项

①在入冬前应进行冰点测试。防冻液在不同的冰点下，有不同的密度。通过测试密度，可知其冰点。

②使用的防冻液冰点应比当地最低气温低 5℃。

③不同类型的防冻液不能混用。

④防冻液一般有毒，防止吸入人体内。

四、导热油的使用

导热油，也称有机热载体，是作为传热介质使用，在油田加热炉中有较多的应用。它的沸点比水高，具有能在低蒸汽压下产生高温，传热效果好等特点。

导热油在使用中应注意：

（1）通常对膨胀槽进行充氮保护，避免导热油与空气接触，延长导热油的使用寿命。要注意检查导热油的封闭情况；

（2）导热油在超过最高使用温度时，易氧化反应，造成劣化变质，在管壁会出现结焦，传热效果变差，还可能发生爆管事故，因此，出口处导热油的温度不得超过最高使用温度；

（3）导热油与明火相遇时有可能发生燃烧，要定期排查泄漏点加强现场监控，确保系统完好不漏；

（4）导热油中混入水及其他杂质，加热后迅速汽化，造成管内的压力急升，易引发事故，所以，导热油在投入使用前应先缓慢升温，脱除导热油中的水和其他轻组分杂质；

（5）定期化验导热油指标，定期测定和分析热载体的残碳、酸值、黏度、闪点、熔点等理化指标，及时掌握其品质变化情况，分析变化原因，根据 GB/T 24747—2009《有机热载体安全技术条件》的规定，达到指标时，应予报废。

第三节　闲置设备管理

所谓闲置设备，是指由于业务转型、工艺条件变化以及工程设计失误等原因，造成对本单位无用的某些设备。闲置设备有局限性，即在甲厂闲置的设备，可能乙厂需要。作为设备管理部门应努力减少闲置设备数量，及时调剂利用闲置设备，尽快处置再无可能使用的闲置设备。

（1）从源头上防止新设备闲置。在设备购置前，充分、合理、真实地论证设备购置的必要性。详见第四章设备配置管理。

（2）采油（气）厂应建立闲置设备库。对闲置的野外使用设备和活动设备，应集中存放，统一保管，上盖下垫，封闭各气口、油口、水口。建立账册，出入登记，账物相符。

（3）在油田公司内定期发布闲置设备通报，开通闲置设备信息交流渠道。大庆油田开发的资源淘宝系统值得推广，详见第三章中第四节。

（4）制定鼓励使用闲置设备的政策，调动各单位使用闲置设备的积极性。在制定设备购置计划时，有可利用的闲置设备，应优先利用闲置设备，不应再购此类新设备。对有闲置设备可用而不愿用闲置设备的单位，要坚持不配新设备，促其使用闲置设备。

（5）对本单位再使用可能性很小的闲置设备，应当尽快调出、处置、租赁、拍卖，回收残值。各级设备管理部门应按规定的程序，积极开展此项工作。

（6）对换下待修的设备，应尽快修好，作为备用周转的设备。设备管理部门应掌握一定量的周转设备，以免影响生产，如抽油机减速器、电机等。

（7）对盲目申请新设备，造成新设备闲置的单位，要给予处罚，如取消设备管理先进单位评选资格、暂停配置新设备等。

（8）对因不满足工艺要求而换下来的泵、炉、压缩机等，可考虑梯级利用，即将甲站因参数过小而换下的设备用于参数比甲站小的乙站，而乙站换下来的设备再用于参数比乙站小的丙站。

第四节　设备消耗管理

设备的消耗指设备的耗能、耗水、耗材等。设备消耗在生产成本中占的比例很高，因此设备管理部门必须关注设备的消耗管理。要做好设备的消耗管理，应做好以下工作。

一、细化计量

耗水、耗能必须按计量结果统计、结算，不能搞分摊制。分摊制造为用多用少一个样，不利于调动管理人员节约的积极性。工作时间（里程）的计量应以实际时间（里程）为准，不能以路单、定额为准。只有做到能耗计量准确，才能进行设备能耗的统计、分析、考核。

对大型设备、高消耗设备应定期进行单机单耗计量，只有做到单机计量，才能分析哪台设备消耗不合理，哪台设备存在问题。

二、制定消耗定额

对耗能、耗水、耗材较高的设备应测试消耗，经过统计分析，制定合理、先进的消耗定额。不仅活动设备要有消耗定额，固定设备也要有消耗定额。

测试设备的消耗时，应同时测试设备的出力，这样才能求出单耗。如测试蒸汽锅炉的能耗时，不能只测每天耗多少油，还应测每天产了多少蒸汽，从而求出产每吨蒸汽的耗油量，这就是单耗。用单耗作消耗定额，比仅按时间计量的消耗定额要合理。

SY/T 6374、SY/T 6569、SY/T 6723、SY/T 6567、SY/T 6373 等标准规定了油气田主要生产系统的效率指标。

三、严格执行定额

制定定额考核制度，奖励节约，惩罚浪费，依靠制度降低消耗。开展降单耗的管理竞赛活动，调动单位和员工节约挖潜的积极性。对有条件的设备还应做单机核算。如某设备的运行费用和修理费用远大于其创造的价值，则这台设备应该停用。

四、由指标决定检修

对大型设备、高消耗设备，当单耗高于指标或效率低于指标时，应进行检修。

五、阅读和研究五大系统效率的测试报告

油田节能部门每年都开展五大系统（抽油机、输油泵、注水泵、加热炉、锅炉）效率的监测，但设备管理部门很少有人关注测试报告，这些报告出来后，往往束之高阁。实际上，从测试报告中可以看出许多设备上存在的问题。通过对测试报告的统计分析，还可以看出技术政策是否合理，如对抽油机，可以统计分析相同液量下，冲次与能耗、系统效率的关系，从中看出合理的冲次范围；可以统计分析相同井下条件下，不同种类抽油机的系统效率，以确定各种抽油机的适用范围；可以统计分析同种抽油机配不同电机时的系统效率，以确定各种电机的适用范围；分析相同液量下不同泵径的系统效率，以确定合理的泵径；分析各井的平衡状况是否合理；等等。设备管理部门应该认真阅读五大系统效率的测试报告，找出低效设备，分析低效原因，提出改进意见，并组织实施。

第六章　设备故障与修理管理

第一节　设备故障规律

一、设备故障定义

设备或系统在使用中丧失或降低其规定功能，称为故障。

按故障发生的速度可分为突发性和渐发性，两者差别如表 6－1 所示。设备事故是一种突发性的设备故障。

表 6－1　突发性故障与渐发性故障的区别

性质	突发性	渐发性
原因	偶然的外界因素、超载等	一般与磨损、腐蚀、疲劳、老化有关
征兆	无	有

二、故障规律

设备的典型故障曲线（浴盆曲线）如图 6－1 所示。

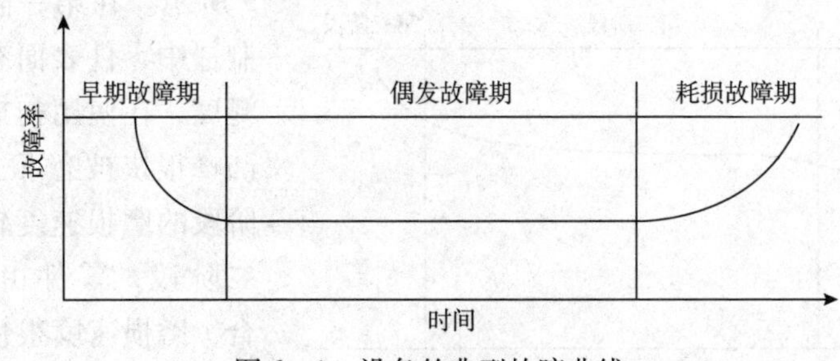

图 6－1　设备的典型故障曲线

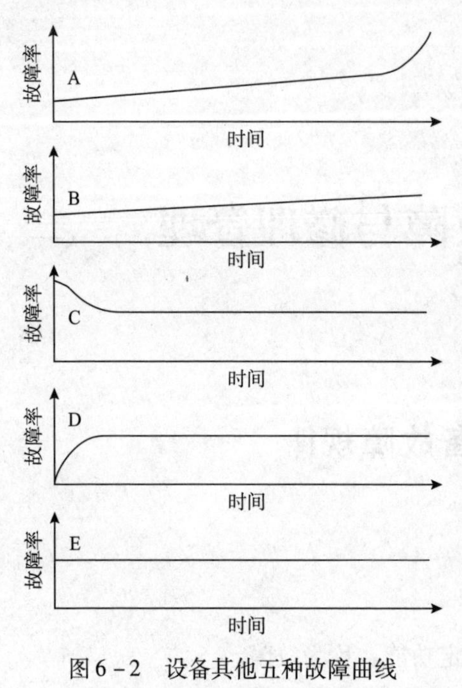

图6－2　设备其他五种故障曲线

在设备的早期故障期，主要由设计、制造、安装、操作不当等原因造成故障，随运行时间的增长，此类故障逐渐减少；在偶发故障期，主要由使用维护不当、零部件失效、设计制造不当等原因造成故障，其故障率稳定；在耗损故障期，主要由磨损、腐蚀、疲劳、老化等导致零部件失效原因造成故障，其故障率随运行时间的增长而增加。大多数机械动力设备具有这种故障规律。

除典型故障外，还有5种故障规律，曲线如图6－2所示。电子设备、家用电器、压力容器等具有这些规律。

认识各种设备的故障规律，可有针对性地采取维修对策，避免设备过度修理和欠失修理。

第二节　设备磨损及补偿

一、设备的磨损规律

1. 有形磨损

有形磨损指设备实体的磨损或损失，也叫物质磨损。它的磨损规律如图6－3所示。在第一阶段，由于制造中零件表面有一定的粗糙度，在使用初期，微小的凸峰很快被磨下去，所以此阶段的磨损速度较快；在第二阶段，零件由于已经磨合，磨损速度很慢；在第三阶段，零件由于磨损过大或耐磨层被磨完，磨损速度急

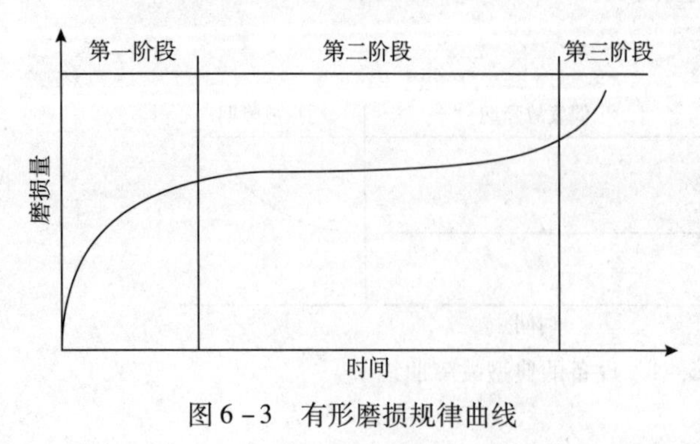

图6－3　有形磨损规律曲线

剧上升。

在第一阶段，应经常换油，避免磨损下来的微粒被带入运动副，加剧磨损；应及时调整间隙，防止由于凸峰被磨损后，运动副间隙过大，润滑油膜形成条件被破坏。此阶段，由于没有形成良好的油膜，设备不能满载工作。第二阶段是设备出力的阶段，应合理使用设备，保证设备使用需要的条件。在第三阶段到达时，应处置或报废设备。

有形磨损分为两种。

（1）使用磨损

使用磨损指设备因使用而造成的磨损。

（2）自然磨损

自然磨损指设备在闲置和运行中，因自然力的作用，产生生锈、腐蚀、老化、变质等损失。

2. 无形磨损

无形磨损指设备实体上看不出来的磨损或损失，也叫精神磨损。它虽然不能用尺寸、质量等度量，但可用金钱度量。它也分为两种。

（1）经济性无形磨损

经济性无形磨损指设备重置价值的降低造成的设备贬值。这种磨损不影响设备的使用价值，如购置汽车后，市场上这种车降价了，原购价和市场现价之差，就是经济性无形磨损。

（2）技术性无形磨损

技术性无形磨损指因技术进步，出现了性能更先进、效率更高的设备，使原设备在技术上落后而造成的使用价值贬值。继续使用产生这种磨损的设备会降低设备使用的经济效益，如原有小汽车发动机是化油器式，后来出现了电喷式，化油器式比电喷式耗油多，多耗的油费就是技术性无形磨损。

二、磨损的补偿

有形磨损和无形磨损都会引起设备价值的降低。只是有形磨损造成的影响比较直观，严重时影响设备的使用性能，而无形磨损造成的影响不直观，它不会影响设备的功能，不易引起重视。在技术快速进步的今天，应重视无形磨损造成的损失。

为了保证生产的正常进行，必须对设备的各种磨损进行补偿。应针对不同的磨损形式，采取不同的补偿方式。局部的磨损，一般都是可消除的；整体的磨损，一般是不可消除的。局部的有形磨损，可采用修理的办法补偿；局部的无形磨损，可采用改造的办法补偿。详见图6－4。

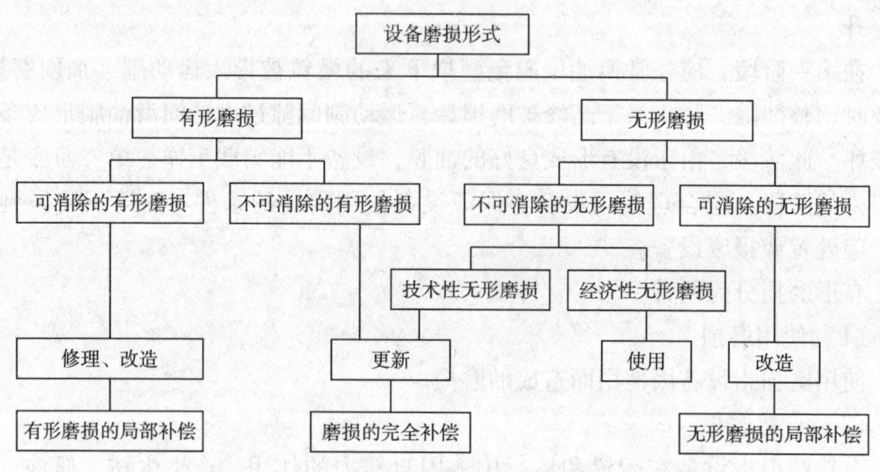

图6-4　设备的磨损形式及对应的补偿方式

第三节　设备修理方式

一、修理方式分类

1. 按修理策略分类

（1）预防维修

①定期修理

指对每种设备，规定一定的累计运行时间，到时就进行修理的修理方式。由于制造质量的差异、使用负荷的差异、保养水平的差异，造成同一种设备在相同的累计运转时间下状况不同，需修理的内容不同，都按同一累计运转时间进行修理，易造成过修或失修，对设备都是不利的。由于难以确定合理的累计运转时间，这种模式现已较少应用。这种方式适合于：制造质量、使用条件、工作负荷、保养水平基本相同，设备磨损规律已经摸清的设备；连续生产，平时难以停机的设备，如天然气净化装置。

②状态监测修理（指标修理）

指根据对设备状态的监测，判断设备可能存在的问题，在问题未发生前对设备进行针对性修理的修理方式。实际上，对设备压力、温度、转速、效率、能耗、功率等运行指标的监测，都是状态监测，只有在大型、关键设备上，才有必要进行振动分析、油液分析和无损检测等状态监测工作。对设备制定合理运行的下限状态指标，达到指标就进行修理，这是一种合理的修理模式。

（2）事后修理

指设备发生损坏后的修理。

(3) 可靠性维修

以可靠性为中心的维修（Reliability Centered Maintenance，简称 RCM）是由美联合航空公司的诺兰（Stan Nowlan）和希普（Howard Heap）于1978年首先提出的（合著了《以可靠性为中心的维修》一书），主要用来制定有形资产功能管理的最佳策略，并对资产的故障后果进行控制。

可靠性维修以可靠性理论为基础，通过对影响可靠性的因素的具体分析和实验，应用逻辑分析决断法，科学地制定修理内容，优选维修方式，确定合理的使用期限，以控制设备的使用可靠性。它与预防维修的观点区别如表6-2所示。

表6-2 可靠性维修与预防维修的区别

预防维修	可靠性维修
预防维修与设备的使用可靠性之间存在因果关系，通过维修能提高固有可靠性	通过维修可以防止设备固有可靠性的降低，但不能超过其固有可靠性
每个部件（设备）的可靠性都与时间有直接关系	故障率与维修时限没有直接关系
预防维修可以避免故障、改变故障的后果	可靠性维修难以改变故障的发生，不能改变故障的后果
是否进行预防维修应根据运行时间或状态监测来确定	是否进行可靠性维修应根据故障后果（安全性、使用性、经济性、隐患性）来确定

建立可靠性维修的步骤：根据图6-5的维修方式逻辑分析决断图进行。

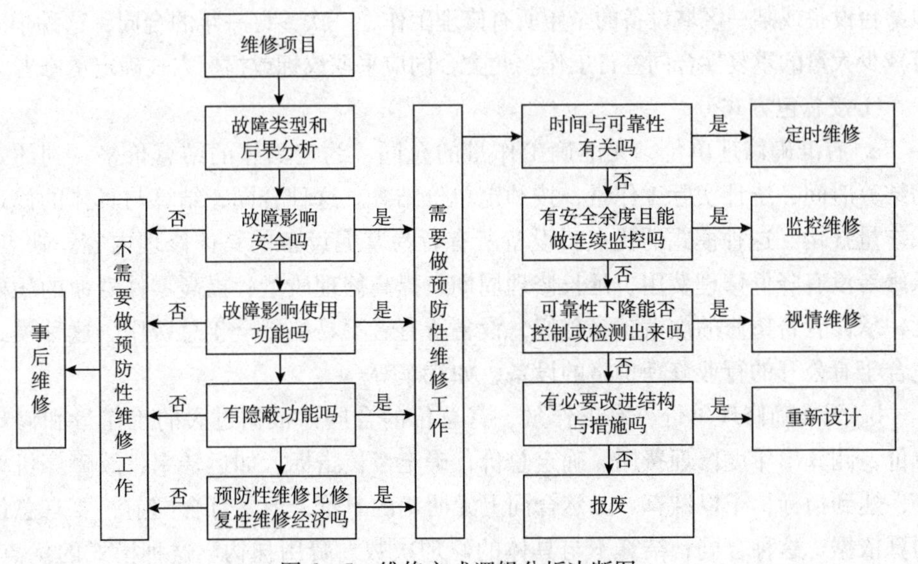

图6-5 维修方式逻辑分析决断图

对每个项目的每个故障依次问图中的4个问题。只要对其中作一个问题得出肯定回答，就要做预防性维修工作，如果都得出否定回答，则用事后维修方式进行维修。对需做预防性维修的项目，再进一步问4个问题，确定维修方式。

可靠性维修是先进、合理、经济的维修方式。

2. 按修理的内容分类

（1）项修

项修是项目修理的简称，指根据设备实际情况，只对有问题的部件进行修理，且修理量、难度较大的修理方式。这种修理方式具有维修费用低、停机时间短、针对性强、避免过度修理的特点，应予以提倡。

（2）大修

大修指对设备进行全面解体，修复或更换损坏的零部件，恢复设备的能力的修理方式。适合于损坏严重的设备、整体能力下降的设备。

（3）小修

小修指对设备进行局部的、简单的修理。适合于局部有异常的设备。

3. 按合同模式分类

（1）逐台签订合同

逐台签订合同适合于修理数量较少、频次不多的设备。这种合同，有准确的修理单价，也有准确的工作量。

（2）年度总包合同

年度总包合同适合于修理的数量较多、频次较多的设备。这种合同，承修者总包某台设备或某一区域设备的全年所有修理工作，一次签订一年的合同，这种模式可减少大量的重复性合同签订工作。此类合同应采取议标或招标方式确定承修者。

①按总包方式分

a. 有准确修理单价，无准确工作量的合同：约定具体的结算价格。到约定的结算时间，统计实际工作量，按约定单价结算。这种合同，结算与具体的修理工作量挂钩。这种模式的优点：设备所有者易掌握设备的具体修理内容。缺点：承修者没有降低修理费用、延长修理周期、提高修理质量、提高零件寿命的积极性，承修者希望修的次数越多越好，设备所有者不易控制全年总费用。这种模式适合于有公开的行业修理价格的设备，如汽车等。

b. 无准确修理单价、有工作量、有总价的合同：根据过去的工作量和修理单价，测算出年度修理费用，确定总价，确定考核指标，如运转率、故障停机率等，达到指标，予以结算。虽然合同上无明确的单价，但签订合同前，要有总价测算依据。这种合同，结算不与具体的修理次数、费用挂钩。这种模式的优点：承修者有降低修理费用、延长修理周期、提高修理质量、提高零件寿命的积极性，因为由此获得的效益为承修者所得。缺点：测算总价较复杂，设备所有者对设备的具体修理内容不易掌握。这种模式适合于没有公开的行业修理价格的设备，应通过招标确定承修者。

②按配件来源分

a. 甲供：总包合同价格中不含材料费。甲方应合理储备配件，监督配件使用情况，在统计修理费用时，应将材料费一并统计。

b. 乙供：总包合同价格中含材料费。乙方负责组织配件，甲方应检查确认乙方配件的质量。

二、修理方式选择

（1）应按可靠性维修的观点，对不同的设备、不同的情况，选择不同的修理方式。

（2）对汽车，执行交通部的二级维护制度。

（3）对锅炉、加热炉，实行夏季检修制度，根据冬季运行情况和停炉后检验情况，制定检修计划。

对锅炉、压力容器的修理，承压部分修理前，修理方案须经当地相关部门和油田公司设备管理部门进行方案和修理资质审查，经批准后方可进行。承压部分修理后，须请当地相关部门参加验收。

（4）对大型泵，可规定泵效、压力或排量低于规定限值时必须修理。

（5）对内燃机，可规定功率、油压低于规定限值或耗能高于规定限值时必须修理。

（6）对抽油机，应采取春秋二季强制保养，事后项修。

（7）对连续生产的化工装置应加强监测手段，实行状态监测修理，力争从常规的一年一检修变为三年二检修或二年一检修。

（8）不能沿用过去的三级保养制度。20 世纪 80 年代中期前，石油企业对设备修理实行的是计划预修制度。由石油部统一颁布各类设备的各级保养、修理间隔和内容，例行保养由操作工执行，以清洁、检查为中心。一级保养由操作工执行，以清洗各过滤器、润滑、紧固、调整为中心；二级保养由专业班组进行，以局部解体检查、调整为中心；三级保养由专业厂站进行，以全部解体检查为中心。设备使用到规定的时间，不管状况如何，都要按规定进行相应的保养、修理。这种制度有时造成过度的保养、修理，尤其是三保。过度的保养、修理对设备是有害的，是一种浪费。当修理技术或配件质量达不到要求时，有时还会将好设备修坏，这种事例很多。20 世纪 80 年代后期，在石油企业的设备管理中，开始提倡例行保养、一级保养、二级保养强制执行，三级保养按需进行，定期监测，按需修理的模式。在检查中发现部分单位仍在采用三级保养这种管理模式，这是不合适的。

第四节　设备修理管理

设备维修工作可分为内部修理和送外修理。由于油田公司基本上没有修理力量，设备修理基本上都是外修，这里主要针对外修而言。

一、筛选修理厂家

筛选修理厂家，建立修理网络，防止水平差的厂家进入油田市场。各单位都应在网络内选择修理厂家，不得在网外修理，否则，应不予结算。

（1）进入油田设备修理网络的厂家应具备下列条件。

①具有与承修工作相适应的资质能力。如修理压力容器和锅炉受压部位的单位，应有相关部门颁发的相应的修理资格证；承担汽车的维修的厂家，应符合GB/T 16739《汽车维修业开业条件》的要求，并取得汽车维修行业管理部门颁发的相应资格证；修理防爆电机应有国家防爆电气产品质量监督检验中心和全国防爆电气产品标准技术委员会颁发的防爆电气设备安装、修理资格证书；承揽锅炉化学清洗的单位应有中国锅炉水处理协会颁发的锅炉化学清洗资格证书；承担计量仪器修理的单位应有质量监督部门颁发的资格证等。

②为油田所修理的设备没有发生过重大修理质量事故。

③自愿申请加入，二级单位推荐，油田公司审查合格。

（2）申请单位提供以下申报材料。

①有关资质证件：工商营业执照、税务登记证、公司章程、安全生产许可证、质量管理体系认证书等政府或行业管理部门颁发的资格证书。

②基本情况介绍：机构、人员、设备、厂房、从事修理的经历和业绩、质量管理状况。

③管理标准和技术标准目录。

④设备、工装目录。

⑤计量器具及测试装置目录。

⑥质量保证资料（质保手册、程序文件及相关文本）目录。

⑦管理及主修人员登记表。

⑧设备修理资质认证申请书。包括申请修理的设备名称、设备型号、修理级别、服务承诺。

(3) 油田公司组织人员现场核实修理厂家的申报材料，确认修理厂家是否具有申报的修理能力。对确有修理能力的厂家，发给修理入网证书，作为承揽业务和结算的依据。

二、建立设备修理管理办法

(1) 规定各级单位的修理权限、修理费用指标，送修、验收和结算程序。

(2) 规定送修设备的条件：送外修理的设备必须是本单位没有能力修理的设备，自己有能力修理的不能送外修理。送修的设备应由厂或作业区的设备管理部门的专业人员鉴定技术状况，确认需要送修及需修理的项目，并经相应领导批准。

(3) 组织修理招标：油田公司或各厂处组织招标，确定各类设备的修理入围厂家。

(4) 签订修理合同：公司未组织招标的项目，在设备修理网络中选择修理厂家，至少要选两家以上的厂家进行比价格、比质量、比周期、比服务，在同等条件下，优先选用就近厂家。公司组织了招标的项目，应在入围厂家中选择。修理合同中，修理内容应具体、详细，并分项列价，应对修理技术标准、验收方法、保修时间、付款方式、违约处罚措施等做出明确规定。

(5) 验收程序：重要设备修理时，送修单位要派人参加现场监理、试车、验收。在验收修理后的设备时，应索取和审核换件清单、修理数据、试车记录，取回更换下的零部件。缺乏这些资料、资料错误或无更换下的零部件时，应拒绝付款。能修复的不应换新的，能换零件的不应换总成。

(6) 为方便在计算机上录入，应规定统一的、与现用的 ERP 设备模块兼容的设备修理资料格式，让各承修厂家按此格式向送修单位提供电子版修理清单，设备修理资料应进入设备台账，对号入座，归档管理。

可建立设备修理的手机 APP。该 APP 既可以起到信息收集作用，又可起到一定的监督作用。以抽油机减速器为例，在 APP 上，修理者需输入单位名称、承修人姓名，必要时可加入人脸识别认证。要对铭牌、损坏件拍照或录像，照片应能看清损坏部位和型号标记（如轴承型号）。开箱后，拍照箱内情况，确认润滑油缺否，变质否。上传换件清单（含材质、厂家、价格）。填写维修内容：箱体裂缝损坏、箱体内清洁、各轴油道疏通、刮油板间隙、各轴轴向间隙、齿侧间隙、啮合长度或高度、轴承盖密封、曲柄剪刀差、曲柄修理内容、观察孔盖密封、呼吸阀清洗、合盖力矩、齿轮装入方式、冷压、热压、试转时间、漏油？只有完成 APP 上所有内容，才能运行结算程序。

(7) 对实行保运保修模式的设备，设备管理人员要充分了解并掌握设备的技术。

（8）对不实行招标采购的修理项目，应测算修理费用，制定设备修理项目价格目录。

（9）制定主要设备的修理技术标准。修理标准是修理厂家的工作目标，是用户验收的依据。

三、建立故障记录制度

主要设备应将故障记录在运转记录中。以抽油机为例，调平衡、调冲次、修电机、修减速器、换曲柄销等都应记录，修电机、减速器还应记录修理内容、换件。

应明确规定设备运转记录应由保管人负责，所有故障都应记录其中，应登记出现故障的设备型号、厂家、投产时间、额定参数、使用参数、故障现象、修理内容、修理费用。运转记录不能只记运转时间，更重要的是要记录故障及处理措施。

四、开展设备故障及修理统计分析活动

对设备故障的规律缺少定量的统计分析，会造成很多问题分析不清楚，导致许多决策失误。如抽油机减速器损坏的很多，是制造原因？还是设计原因？如同型号各减速器厂的产品都出现同类问题，有可能就是设计问题。不同问题采取的对策不一样。决策技术方案时，不能以偶然现象代替普遍现象，一定要有准确的依据，所以设备故障及修理统计分析活动非常重要。

（1）统计分析故障规律，从中发现问题，从而制定改进对策。如抽油机减速器修理，应统计抽油机型号、减速器型号、厂家、投产时间、减速比、扭矩、实际冲程、冲次、损坏部位位置、损坏现象、修理费用等，以便分类筛选，总结故障规律，查找问题原因。

（2）定期统计、分析、公布设备修理费用。修理费用统计，不仅要统计费用，更重要的是要与设备拥有量联系起来，求出单台平均费用。如同类各型单台平均设备的修理费用比较，反映各型设备的可靠性；各使用单位同型单台平均设备修理费用比较，反映各单位修理费用管理水平；各制造单位同型单台平均设备修理费用比较，反映不同厂家产品的可靠性；与往年同期修理费用的比较，反映设备修理费用的增减情况等。根据统计分析，探索费用增减原因，提出降低修理费用的措施。

五、设备故障原因分析

分析设备故障原因时，要做必要的试验验证，有些故障不能光看表象。如往复泵曲轴抱瓦、十字头抱销，一般的分析可能是缺油或油变质，但也有不缺油、不变质的情况下出现这种故障，其原因是该缸排液阀失效，导致该缸缸内总是处于高压，十字头销和曲轴总是处于一个方向受力，润滑油无法进入另一侧，造成干摩擦。

加热炉不能满足加热需求，首先要验证炉子的实际负荷，若实际负荷大于额定功率，则为选型过小；若实际负荷小于额定功率，炉子达不到额定功率，可能原因是加热炉性能下降或产品名不副实。

泵的电机过热，首先应计算实际负荷、电机的轴功率，确定配备的电机额定功率是否满足要求，若额定功率满足要求，则应是电机性能下降或电机名不副实。

第五节 设备更新及改造

一、概念

设备更新指用新设备代替性能落后的旧设备。分为两种：简单更新，用完全相同的新设备代替报废的旧设备；技术更新，用技术性能先进的新设备代替旧设备，相当于一种技术改造。所以，这类技术改造从设备购置资金中支出是合理的。

设备改造指用先进技术或适当措施对设备的局部或全部进行更换。通过改造，改变性能、增加功能、降低消耗。例如，对老式加热炉增加自动保护功能，对参数不适合的离心泵进行抽级、叶轮切削等。用先进技术对设备全部进行更换的改造方式，与设备更新中的技术更新意义、资金渠道相同。

由此可见，设备更新与设备改造，有部分含义是重合的。更新针对整机，改造既针对整机，也针对局部；更新有可能含有技术进步、效益提高，改造必含有技术进步、效益提高。更新与改造的关系如图6－6所示。

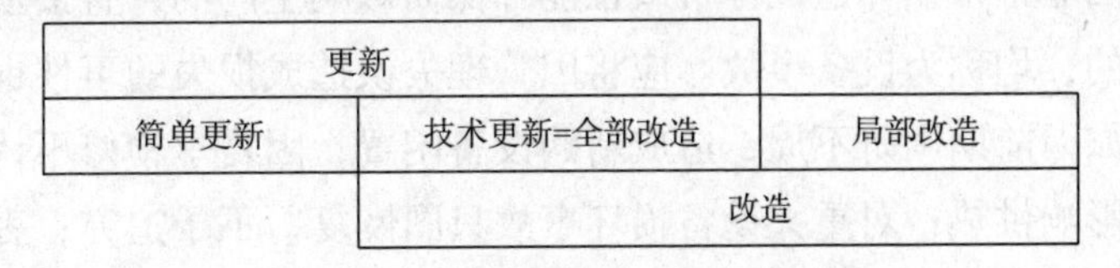

图6－6 设备更新与改造的关系图

二、要求

（1）各级设备管理部门应根据生产工艺和设备技术性能的变化，及时对设备进行更新、改造、调整，并充分利用设备修理的有利时机进行技术改造，提高设备的技术性能，以适应生产要求，获得最大效益。

（2）设备的更新改造必须进行技术经济论证。论证内容包括：

①技术性：是否适用、可靠、先进、安全、环保、维修方便等；

②经济性：投资回收期。

重要设备和较大投资的改造活动，应进行详细、深入地论证。

（3）改造应选择成熟技术，不应采用仅处于理论阶段或厂内试验阶段的技术。

（4）重要设备的技术改造，凡属改变设备主要性能和结构的，要报油田公司设备管理部门批准。车辆改装应先向当地车管部门申请，获得批准后方可实施，并办理车辆改型手续。锅炉改造，应将改造方案报请当地劳动部门批准。

（5）对改造后的设备，要进行对比测试、分析，评价改造效果，撰写总结。

（6）对设备局部进行改造，若从生产成本中支出，不牵扯资产增值。若用设备购置资金支出，应将购置价格加入净值，增加设备净值，而不应再增 1 台该设备，否则会造成账物数量不符。

三、设备更新改造的对象

（1）额定参数与实际运行参数有较大差距，处于低效运行的设备。

（2）不满足质量、健康、安全、环保要求的设备。

（3）国家规定应当淘汰的设备。

（4）性能落后，效率低，效益差的设备。

第六节　设备事故

凡设备因非正常损坏造成停机或性能降低而影响生产的，直接损失达到或超过规定标准的，均称为设备事故。应将因管理失误造成损失的事件也纳入设备事故考核中，如因前期调研不周，造成新购设备闲置；因夏季检修不认真，造成入冬供热设备影响供热；对重大设备损坏事故只图恢复，不予追究；丢失车辆、特种设备购置发票、合格证等重要票证；特种设备不注册等，应算设备管理事故。

一、设备事故分类

1. 按经济损失分

一般事故、大型事故、重大事故、特大事故等几种，不同时期、不同企业有不同的标准。

2. 故按事故性质分

（1）设备管理事故：由于管理原因造成设备浪费或影响生产的事件。

（2）设备损坏事故，主要分为以下三种：

①责任事故：人为造成设备损坏的事故；

②机械事故：设备构件自身缺陷造成设备损坏的事故；

③自然事故：自然破坏力造成的设备损坏的事故。

二、事故预防

（1）设备管理人员要提高业务能力，提高工作质量，从全局出发考虑设备管理工作，防止工作失误。

（2）制定正确的操作规程。

（3）设备使用人员持证上岗，按规定正确使用、保养设备。

（4）设备管理部门按规定组织设备的检验、审验、校验等活动。

（5）学习其他事故案例，汲取事故教训。

三、事故处理

（1）设备发生损坏事故时，设备管理部门应立即调查原因，抓紧组织抢修设备，防止次生事故发生，尽快恢复生产。同时逐级上报设备事故。

（2）设备事故发生后，必须做到“四不放过”：

①事故原因查找和分析不清不放过；

②事故责任者与群众未受教育不放过；

③没有制订出具体的防范措施不放过；

④事故责任者没有受到处理不放过。

（3）对因厂家产品质量问题造成的设备事故，要向厂家积极索赔，并视损失大小、善后态度和效果，决定今后采购与否。

（4）事故原因查清后，应立即向拥有同类设备的单位发出通报，主动消除事故隐患。

第七章　设备经济管理

第一节　设备资产管理

设备资产管理的内容应包括以下几方面。

一、建立设备资产账目

设备资产管理的基础工作是建立设备资产账目。只有资本性项目中购置的设备才能建立设备资产账目。

资产部门与设备部门应加强沟通，确保登记设备数量统一。

建设项目转资时，不能将一个站或一个单位工程整体转资，而应将其细分为单体设备转资，以便于分析、核算单个设备的有关费用，有利于设备管理。

设备资产账目不能只求原值、净值的准确及账目上的平衡，设备的数量、型号也应准确。转资时应注意将一台设备的各种票据合计，作为原值登在一台设备名下，防止将1台设备分为多台做账。

二、设备折旧管理

1. 折旧的定义

设备折旧是指设备在使用过程中，通过逐渐消耗而转移到产品价值中的那部分价值。

2. 折旧的意义

（1）折旧资金是设备更新资金的基本来源。设备由于使用最终将报废，如果不提取折旧，将无资金更新设备，企业生产能力将逐渐削弱。

（2）折旧费是企业生产成本的一部分。正确提取折旧，才能真实反映成本和利润。如果少提折旧，会虚降成本、虚增利润。

（3）折旧还涉及国家的利益。因为国家的税收与企业的利润有直接关系。

3. 设备资产分类

按 GB/T 14885—2010《固定资产分类与代码》，固定资产分为 6 个门类，其中第 2 门类为通用设备，第 3 门类为专用设备。

按中国石油天然气股份有限公司的分类，固定资产分为 19 大类，其中有 14 类中含有设备。油田公司执行本企业的分类。

4. 折旧年限

由总部在财政部规定的年限范围内，结合实际情况确定折旧年限，油田公司执行，不能变更。某石油公司 2008 年规定的固定资产折旧年限见表 7－1，这些设备的残值率都定为 5%。

表 7－1 某石油公司 2008 年规定的固定资产折旧年限表

资产编码	资产名称	折旧年限	资产编码	资产名称	折旧年限
6	石油专用设备	8	907	其他动力设备	10
7	施工机械	10	11	通信设备（除通信线路）	10
801	载重汽车	8	13	机修加工设备	12
802	拖挂车辆	8	1401	工业自动化控制设备	10
803	载客汽车	8	1402	半自动控制设备	10
804	生产用特种车辆	8	1403	电子计算机及外部设备	4
805	摩托车	8	1404	通用测试仪器设备	8
806	专用车辆	8	1405	石油专用测试仪器	8
807	危险货物专用车	7	1406	计量及检（监）测机具	10
901	发电机组	10	1407	焊割设备	10
902	变电设备	10	1499	其他工具及仪器	10
903	配电设备及设施	10	1501	管理办公设备	5
904	锅炉及附属设备	12	1504	公安消防设备	12
905	气体压缩机	12	1507	电梯	12
906	泵类	8	1508	生活服务设备	10

5. 折旧计提

（1）设备计价

原值：购置或建造设备所发生的全部费用，包括购置费、建造费、购置税、运杂费、安装费、调试费等。

净值：原值减去累计折旧的余额。

残值：设备资产报废时的残余价值。

净残值：残值减去清理费用后的余额。财政部规定，净残值按固定资产原值的3%～5%确定。

(2) 油田公司的设备折旧方法，一般采用平均年限法，即设备的年折旧额等于原值减残值后除折旧年限。由于国内三大石油公司均在海外上市，当向海外披露信息时，油气资产的折旧要按工作量法进行转换。

三、设备资产动态管理

设备调拨、设备租赁、设备资产报废、闲置设备和报废设备处置都应及时办理相关的资产手续。

设备对外处置前，应先进行资产评估。处置应以评估值作为处置的底价。处置应公开、公正，尽量采用拍卖的形式。

第二节　设备的寿命

有多种寿命概念：法定寿命、折旧寿命、自然寿命、技术寿命和经济寿命。

一、法定寿命

法定寿命指政府规定的设备寿命。法定寿命必须遵守。

如自2013年5月1日起施行的，由商务部、国家发展和改革委员会、公安部、环境保护部联合公布的“机动车强制报废标准规定”中规定各类机动车使用年限分别如下：大、中型非营运载客汽车（大型轿车除外）使用20年；三轮汽车、装用单缸发动机的低速货车使用9年；装用多缸发动机的低速货车以及微型载货汽车使用12年；危险品运输载货汽车使用10年；其他载货汽车（包括半挂牵引车和全挂牵引车）使用15年；有载货功能的专项作业车使用15年；无载货功能的专项作业车使用30年。

二、折旧寿命

折旧寿命指设备的折旧年限，它随折旧率的改变而变化。它不完全等于自然寿命，如规定抽油机、各种汽车的折旧年限均为8年，而这些设备的实际寿命一般都在10年以上。达到折旧寿命时，有些设备仍有使用价值。不应以设备达到了折旧寿命而弃之不用。如果设备都按规定的折旧年限更换，将给油田带来巨大的损失。

三、自然寿命

自然寿命指设备从开始使用到由于有形磨损造成不能继续使用所经历的时间。设备达到自然寿命时，就毫无使用价值了。根据 TSG 21—2016《固定式压力容器安全技术监察规程》要求，压力容器设计总图上应标明压力容器的设计使用年限，此年限应是自然寿命。

四、技术寿命

技术寿命指从技术的角度看最合理的使用期限，是指从设备开始使用到因技术落后而被淘汰所延续的时间。它由无形磨损决定，与技术进步的速度有关。

五、经济寿命

经济寿命指从经济的角度看最合理的使用期限，它由无形磨损和有形磨损共同决定。

关于设备的经济寿命有多种计算方法。

1. 最大总收益法

根据设备的总收益等于总输出减总输入，列出计算方程式，对使用年限微分并令其等于零，即可求出总收益最大时的使用年限。

2. 最小年均费用法（平均支付费用法、总费用法）

设备的使用费由两部分组成，一是设备购置费的年分摊额，它随设备使用年限的延长而下降；二是设备的使用成本（年运行费用），它随设备使用年限的延长而上升。也就是说，设备在整个使用过程中，每年的平均使用总成本是随使用时间变化的，在某年会出现年均总成本最低，从投产到这年的年数就是设备的经济寿命。此法适用于“非盈利”的设备，如某些电气设备、家用设备、办公设备等。

3. 低劣化计算法

低劣化计算法与最小年均费用法（平均支付费用法、总费用法）的区别，只是该法假定了设备使用成本与使用年限是呈线性上升关系，即设备的低劣化每年以固定数（低劣化值）递增。换句话说，就是设备的修理费、能源费等维持费每年以相等的增幅上升。从而可以用数学公式求出经济寿命。

设　设备年平均总费用为 Z，设备原值为 Y，残值为 C，使用年限为 T，每年低劣化值为 λ，经济寿命为 T_0。

则　年平均设备费用为：

$$(Y-C)/T \quad (7-1)$$

设备年平均低劣化值为：

$$(T+1)\lambda/2 \quad (7-2)$$

$$Z=[(T+1)\lambda/2]+[(Y-C)/T] \quad (7-3)$$

上式对使用年限求导，并令其等于零，求出：

$$T_0=\sqrt{2(Y-C)/\lambda}$$

低劣化计算法的经济寿命如图 7－1 所示。

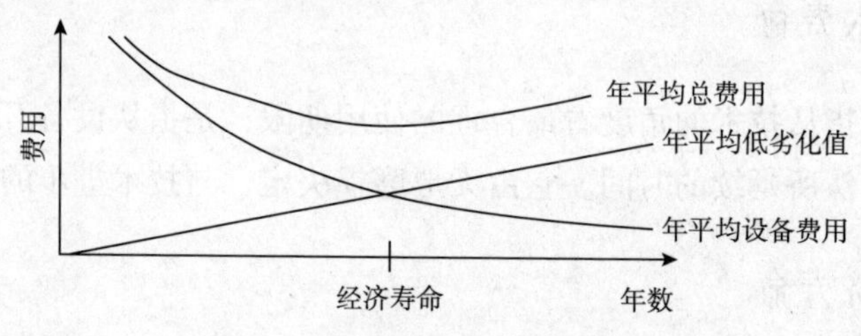

图 7－1　低劣化计算法的经济寿命

例：某设备原值 100 万元，每年的使用成本为 3 万元，预计报废时残值为零，其逐年的费用如表 7－2 所示。

表 7－2　某设备按低劣化计算法计算的逐年费用表

年限	当年劣化值/万元	设备年平均低劣化值/万元	年平均设备费用/万元	年总费用/万元
①	②＝①×3	③＝（①＋1）×3/2	④＝100/①	⑤＝③＋④
1	3	3	100	103
2	6	4.5	50	54.5
3	9	6	33.33	39.33
4	12	7.5	25	32.5
5	15	9	20	29
6	18	10.5	16.67	27.17
7	21	12	14.29	26.29
8	24	13.5	12.5	26
9	27	15	11.11	26.11
10	30	16.5	10	26.5
11	33	18	9.09	27.09
12	36	19.5	8.33	27.83
13	39	21	7.69	28.69
14	42	22.5	7.14	29.64
15	45	24	6.67	30.67

由上表可知，在第8年时，设备的历年总费用最低，这台设备的经济寿命为8年。

如果设备每年的低劣化值不是相等的，则不能用低劣化法的公式。但可按上面的思路，根据以往的记录和对未来的预测，用列表法求出设备的经济寿命。

具体某种设备的经济寿命是多少，要以大量的原始使用资料为依据进行统计分析。没有平时积累的统计资料，无法进行经济寿命的准确测算。

设备更新、处置的时机，一般应取决于设备的经济寿命。上述各种寿命经常是不相等的，在实际工作中，应注意区分各种寿命，获得最大的设备使用效益。

第三节 设备报废

上述各种寿命对应各种报废形式：法定寿命对应牌照报废；折旧寿命对应资产报废；自然寿命对应实物报废；技术寿命对应能力报废；经济寿命对应使用价值报废。

本节所说的设备报废，指设备的资产报废。

一、设备报废条件

（1）设备已达到规定使用年限，提足折旧，并退出使用状态的，可进行正常报废处理。

（2）虽不符合上条条件，但属国家强制性规定淘汰的设备，要按限期退出使用状态，参照正常报废处理。

（3）设备已达到规定使用年限，提足折旧后，对符合如下条件之一的设备要退出使用状态，予以报废：

①已经过多次修理，技术性能不能满足工艺要求；

②若经过修理，虽然能恢复性能，但一次性修理费超过原值60%，没有更新经济；

③能耗超过原机标准20%，运行费用过大，进行改造又不经济；

④锅炉、加热炉、压力容器报废应有锅炉检验站出具的、建议报废的检验报告。

（4）更新改造拆除且无使用价值的设备。

（5）长期闲置，且无调剂和转让价值的设备。

（6）不符合健康、安全、环保要求，又无修复、改造价值，不论是否达到规定的使用年限，不论是否提足折旧都应报废。

（7）因自然灾害等不可抗力事件或事故造成全部灭失或毁损且不可修复的

设备。

（8）因资产重组、业务调整而淘汰且无转让价值的设备。

二、报废的延迟

对已达到规定使用年限并提足折旧，需要并能够继续使用的设备，除按正常设备进行管理外，要加强安全方面的检测。待该设备退出使用状态时，再办理正常报废手续。

折旧提完不等于应该报废，达到折旧年限不等于应该报废。有些设备的实际寿命大于折旧年限，到折旧年限时，设备状况仍很好，甚至在用，这种设备不应申请资产报废，不应虚构设备损坏严重等理由，申请报废。批准报废后设备不可继续使用。

三、设备提前资产报废时的有关问题

企业为了减轻资产负担或由于资产重组等原因，常常会对一些在用设备提前进行资产报废。设备提前资产报废时应注意如下问题：

（1）首先应注意区别资产报废与实物报废，设备资产报废不等于设备实物报废，不等于设备没有使用价值，对提前资产报废的设备，应像正常设备一样管理，仍执行原来的管理制度，仍列入设备报表，防止资产流失；

（2）在申请提前资产报废时，报废理由应如实填写，如写“减轻资产负担”“资产重组”等，不应虚构设备损坏、性能差等理由；

（3）应选择安装设备、价值较高的设备作为提前报废的对象，因为这些设备不易移动或流失，且减负效果显著；

（4）不选择国家规定报废后不允许使用的设备作为提前资产报废的对象，如汽车、锅炉、压力容器等；虽然资产报废和实物报废概念不同，但这些设备资产报废后，易放松管理，引发事故。

四、设备报废后处理措施

（1）设备不论资产报废或实物报废，仍属企业所有。有利用价值的，应继续利用；无利用价值的，应尽快处理、处置，回收残值。

（2）已正式批准资产报废的设备应从资产账中注销，其中无使用价值的应按国家有关规定组织回收。车辆报废后应在拆除有用部件后，将车辆交给当地政府指定的回收单位，并及时到车管所销户。已批准报废的汽车、锅炉和压力容器等国家强制管理的、危害安全的设备不得继续作为整机使用或处置。

第四节 修理费用管理

设备修理费用，主要包括两部分：一部分是日常维护费用，如密封材料、轴承等，属于基层设备使用单位发生的费用，这部分费用进入了基层单位的生产成本，一般在修理费用统计中不反映。另一部分是较大的修理费用，属于委托外单位修理而发生的费用，这部分费用进入了从厂成本中切出的、由厂设备管理部门掌握的设备修理费用中，这部分费用主要用于各单位计算设备维修费用率。不论哪一部分修理费用，都应做好以下工作。

（1）应准确测算、合理制定设备修理费用指标。

修理费用与设备的新旧程度、完成的工作量、操作者的技术水平和责任心、设备的制造与修理质量有关。要依据大量的、全面的资料，综合考虑这些因素，制定各单位的设备修理费用指标。如长庆油田公司 2017 年新度系数 0.29，设备维修费用率为 2.8%。

设备维修费用应控制在合理的范围内。维修费用过高，管理有漏洞或设备性能差，降低效益；维修费用过低，可能存在设备失修、带病运行、拼设备现象。

（2）应明确各级单位的修理限额、修理权限、修理程序，防止修理费用失控。

（3）对修理费用形成的各环节，如修理内容、价格、换件等，都应有人签字确认，严格控制，防止产生漏洞，造成经济损失。

（4）应定期对各单位、各类设备的修理费用进行统计分析。

第五节 设备租赁

一、设备租赁的概念

设备租赁指设备使用单位按照合同规定，向设备所有单位支付租金，在一定的时间内获得设备使用权的活动。

二、设备租赁的种类

1. 融资租赁

用户需要设备时，不直接购买，而是以付租金的形式向出租人借用设备。出租人按用户的要求，垫付全部资金，代用户购入所需设备，以租赁形式将设备租给用户实行有偿使用。出租人在租期内分期收回全部成本、利息和利润。租赁期满时，出租人通过收取名义货价的形式，将设备的所有权转移给用户。

在融资租赁中，设备由用户选定，出租人对设备的性能、风险、维修保养不承担责任。融资租赁的特点是存在设备产权的转移。

2. 经营租赁

经营租赁指出租人既为用户提供融资便利，又负责提供设备的维修保养，同时还承担设备闲置、过时风险的一种短期商品借贷形式。经营租赁的特点是不存在设备产权的转移。

三、设备租赁注意事项

内部租赁：2008 年油田重组后，油田公司托管了一些未上市单位，上市单位与未上市单位之间，以租赁方式进行设备调拨，双方签订租赁协议。由于内部租赁的实质相当于调拨，所以除承租方需向出租方付租金外，所有的管理责任都应由承租方负责。

对外租赁：既包括油田公司从其他单位租赁设备，也包括油田公司将设备租给其他单位。下述情况下应考虑租入设备：需要短期使用、以后不再使用的设备时；需要社会拥有量大，很容易租到的设备时；租入比自购合算时；资金紧缺时。在对外出租设备的租赁协议中，要明确承租方修理、维护设备的责任，明确出租方的监督权利。在出租中，油田公司应注意对设备使用保养状况的监督，防止设备提前损坏。油田公司较常采用雇用队伍、自带设备的方式。

在对承包、租赁设备的考核中，中原石油勘探局的设备管理量化评审考核经验值得借鉴。国有企业实行资产经营承包责任制后，承包者虽然足额提取了折旧，设备数量也账物相符，但一些承包单位并未按规定合理使用设备，如严重超载作业、严重超速作业、不按规定对设备进行保养和修理等，出现了设备技术状况下降、使用寿命缩短、国有设备资产隐性流失的现象。中原石油勘探局针对这种“拼设备”的短期行为，提出区别设备的使用价值和价值，采用设备使用价值的量化评审来确定设备的使用价值，并为此建立了详细的评审标准和公式。

评价单机时，从状态参数、性能指标、故障状态、润滑磨损状态、实物外观新度、服役期 6 个方面进行。其中，前 4 个方面的因素可以运用科学仪器和其他有效手段进行检测，实物外观新度可以进行检查，服役期可以按实际情况进行测算。设备实物新度系数，可以通过上述 6 个方面因素的检测评价而获得。设备的使用价值等于设备资产原值与设备实物新度系数的乘积。

当考核一个单位的设备管理时，先采用国家标准 GB/T 4891—2008《为估计批（或过程）平均质量选择样本量的方法》来计算抽样样本的大小，根据样本求出抽样设备的使用价值变化率（设备实物新度系数与设备资产理论新度系数的差）。根据统计抽样的基本原理，用抽样设备的使用价值变化率代表未抽样设备的使用价值变化率，可求得未抽样设备的实物新度系数和使用价值。对所有抽样设备和未抽样设备的实物新度系数和使用价值评审以后，合计每台设备的使用价值，即为整个单位设备的使用价值总额。

当设备使用价值增值量大于零时，设备资产实现增值；当设备使用价值增值量等于零时，设备资产实现保值，当设备使用价值增值量小于零时，设备资产流失。通过对定量评价结果的考核兑现，建立国有设备资产保值、增值的监督、制约和激励机制。设备管理量化评审考核创造了显著的经济效益和社会效益：抑制了拼设备的短期行为；保证了国有设备资产的保值、增值；促使设备管理与生产经营走向了良性发展的循环；促进了状态监测与故障诊断技术的推广应用。

第六节　设备处置

一、处置时机

石油行业长期习惯于设备购回后，一直用到因各种原因停用，然后闲置到实物报废，很少将设备在达到经济寿命时处置。这种管理模式是不合理的。应在设备使用到恰当的时机进行处置，获得最大的收益。

设备的使用费用大致按浴盆曲线发生，应当在使用费用（如能耗、修理费用等）开始显著增长前进行处置，即在经济寿命时处置。

例如：企业购置了新车而将旧车闲置，旧车经修理后还能使用，则不应资产报废，应该处置，给企业带来效益。有些车，虽然可以使用，但故障多，维修费用高，油耗高，使用费用多，则应在经济寿命以前处置。

本单位再不可能使用的设备，不必先申请报废资产，应及早申请企业内部调剂，调剂不成，尽快申请对外处置。对外处置，不一定要批准资产报废后才能进行。

设备处置应在设备停用后尽快进行。因为设备停用后要发生保管费，且存放越久，设备损坏越多，处置价格越低。

应特别重视对非安装设备的处置，因为非安装设备具有转移方便、技术进步快、容易处置等特点。

二、处置方式

根据企业“固定资产管理办法”规定的程序和权限，由责任单位组织处置。对外处置时，应尽量采用公开拍卖的方式，最大限度回收残值。

第八章 设备管理中的安全问题

第一节 设备的本质安全

设备的安全，首先要做到设备本质安全。应注意以下事项。

（1）设计、制造、安装要符合该设备所涉及的所有安全规范。

（2）设备的使用条件要与设计条件相符。

（3）要有安全冗余。如加热炉，锅筒要设计双重保险，既有安全阀，又要有防爆膜；注水泵既要有安全阀，又要有电接点压力表。

（4）要有联锁保护，防止误操作。如立修井机井架时，应按先伸支腿油缸，后伸变幅油缸，最后伸上部井架的顺序操作，放井架时，则按相反的顺序操作。在设计上，要固化顺序，防止操作人员误操作。

（5）运动部位，要有防护措施。易爆场所，应采取相应的防爆措施；用电部位，尽量采用安全电压；危险部位，要有警告标识。

（6）应有声、光、电等安全预警措施。

（7）新开发的设备，必要时请安全机构评估。

（8）应采购有相应资质的单位的产品。对国家规定要备案、公告的产品，应在公告目录内采购。

（9）锅炉、压力容器等承压部位修理后，应由检验机构监督检验。

（10）各种安全装置必须完好有效。

设备设计、制造缺陷案例：

例1：2012年，某油田压缩机检修后，在启动进行闭路循环过程中，压缩机系统滞留空气，压缩机系统内部形成的爆炸性混合气体发生爆炸，致使三级换热器管束箱封头炸开，封头挡板击中现场检查人员，致其死亡，三级换热器损毁。

事故原因：换热器管束箱焊接质量存在缺陷，验收把关不严格；工艺、换热器设计存在缺陷，冬季容易产生冰堵。

例2：2007年，某固井公司固井打完前置液后，开始供气，立式灰罐突然爆裂，罐体位移后倾倒，将附近的泥浆工压死。

事故原因：灰罐本体壁厚设计为8mm，实际为4.6～5.5mm，不能满足施工压力要求；罐体焊缝未采用线性焊接，罐内加强筋与罐本体连接处均采用点焊方式焊接，导致罐体骨架刚度不足、强度降低；验收时未经过严格检验。

例3：2010年，某钻井队在起钻挂吊卡扣插销作业中，副司钻误将转盘离合器当作绞车起升离合器挂合，转盘旋转，吊环从吊耳内鳖出，击中正在扣插销的工人。

事故原因：副司钻精力不集中，实际操作经验不足；绞车与转盘控制手柄毗邻，形状与挂合方向相同。

事故处理：2人被行政警告，2人被行政记过，2人被行政降级，2人被撤职，1人被解除劳动合同。其中处级干部3人，科级干部2人。

例4：2019年，内蒙古西乌旗银漫矿业公司通勤车往井下运送工人途中，车辆失控，撞在辅助斜坡道道帮，22人遇难。

事故原因：刹车失灵。

第二节　设备的使用安全

设备使用中存在许多隐患，要注意做好以下工作。

（1）特种设备、车辆应及时注册、及时检验。压力容器的测厚点要固定，且要固定在最易减薄部位（如下部、封头、油气水界面等处）。对有绝热层的，应在绝热层上开活动窗口，以方便检测。对检验单位的报告，要认真审核，如有问题应责令纠正。对不负责任的检验单位，不应委托其检验。

（2）制定正确的操作和保养规程。应请有经验的一线操作、保养人员参与制定，并经实地验证。

（3）及时维护设备，保证设备性能良好，各种安全装置齐全、有效。

（4）定期检测重要项目，验证安全能力，如漏电保护、防爆能力、防雷能力、燃烧器的自动联锁、各种安全预警装置等。

（5）加强培训，使员工能够正确操作，辨识风险。通报相关事故（不论本单位的或是外单位的），使员工吸取教训，引以为戒。

（6）改进管理措施，责任到人，确保每个员工能正确操作设备、精心维护设备。

（7）特种设备的修理、改造应由有资质的单位承担，并将修理、改造方案报有关部门批准。

（8）安全附件：液位计应定期清洗，安全阀、压力表、变送器等应定期校验。

设备使用事故案例：

例1：2006年，某油田真空加热炉正常使用中锅筒爆炸。真空加热炉锅筒设计不承受正压，本不会爆炸，但因真空阀未像安全阀一样定期校验，长期未保养，锈死，导致锅筒超压爆炸。

例2：2017年，某石化公司原料油泵发生泄漏，引发火灾，导致周围管线、电缆、平台烧损。直接原因是原料油泵驱动端轴承异常损坏，油泵剧烈振动，造成密封波纹管多处断裂，引起油料泄漏着火。间接原因主要是该公司设备方面存在运行管理不严格、设备监测管理制度不细化、设备检查记录不认真、未执行相关技术规范；工艺、装置方面存在安全交底不正规、工艺技术月报缺少具体分析、外操巡检不到位、巡检规定不细化、对巡检人员的监管不严格；安全管理方面落实全员责任制不到位、落实安全承诺公告制度不到位等。

公司总经理被记过、党委书记被行政警告、其他12名相关人员分别被撤职、记大过、行政警告、开除。

例3：2014年，某油田转油站，管线试压过程中压缩空气窜入缓冲罐（该缓冲罐于1996年生产，设计压力0.78MPa，规格$\phi2490 \times 9228 \times 14$mm），导致缓冲罐发生刺漏、爆炸；造成2人死亡、1人轻伤。

事故原因：

（1）试压管线与在用管线之间的截止阀严重内漏，压缩空气通过截止阀窜入缓冲罐，导致罐内压力升高；

（2）随着缓冲罐内部压力不断升高，罐内油水混合物被压缩空气沿出口管线挤出，导致罐内液位下降，上部空间形成了可燃混合气体；

（3）当年的《压力容器年度检测报告》未见对腐蚀情况的提示，结论为“符合要求”，但现场发现缓冲罐本体腐蚀严重，最薄处剩余壁厚仅为1.38mm，减薄率达88.5%，实际承压能力降低，当内压达到0.545MPa即存在开裂风险；

（4）当缓冲罐内压达到0.592MPa时，在缓冲罐侧下方腐蚀严重部位发生刺漏，罐内压缩气体刺漏过程中产生静电，引爆罐内混合气体。

事故处理：15人受处分。厂长免职，主管设备副厂长行政警告。

第三节 设备管理的安全风险

设备管理的安全风险，主要体现在以下方面。

（1）设备管理制度不完善。

①设备操作规程、保养规程有缺陷，未辨识、提示全部风险。

②设备的技术标准不完善。

③职责不清，无人负责。

④内容不完善，缺少对某些环节的规定。

（2）管理制度未落实。

①设备的操作规程、保养规程、风险辨识、特种设备管理等制度流于形式，未得到严格落实。

②未有效组织淘汰失效设备的报废工作。继续使用已批准报废的设备。

③未有效组织人员培训工作。特种设备操作人员未取得相应资质。

（3）停用设备或调拨设备启用时，未做安全评估。

（4）设备本身存在缺陷。

①新购设备或改造后的设备，由于对风险辨识不足、设计或制造失误造成质量缺陷。

②设备的安全防护装置失效。

（5）流程或工艺条件变化后，未对设备做相应的改造。

（6）风险预防不足。

应急设备的配备数量不足、类型不够、能力不够等，导致不能有效地、及时地消减风险。

（7）对在油田属地作业的设备修理承包商安全监管不到位。

针对上述风险，应在提高人员素质、完善制度、完善设备等方面开展持续、有效的改进工作。

第四节 主要设备的安全措施

本节介绍油田主要设备应具备的安全措施，应加强检查力度，确保安全措施有效。

一、锅炉、加热炉

（1）烧火筒

烧火筒应有防爆门，直接加热式加热炉还应有炉膛灭火装置。

（2）锅筒

承压式锅筒应有安全阀、防爆膜、液位计、压力表。

（3）燃烧器

燃烧器应具有熄火报警并切断燃料、点火前的自动吹扫、锅筒液位过低报警并熄火、锅筒超压报警并熄火等功能。

二、离心油泵

（1）联轴器处应有无火花护罩。

（2）电机应防爆。

（3）密封处应有遮挡，防止油泄漏后飞溅。

（4）电机应有接地。

三、往复油泵

（1）皮带应有护罩。

（2）应采用防静电皮带。

（3）电机应防爆。

（4）密封处应有遮挡，防止油泄漏后飞溅。

（5）应有安全阀、电接点压力表。

（6）电机应有接地。

四、抽油机

（1）曲柄旋转区域应有防挤护栏。

（2）弯梁型抽油机在机尾部应有防挤护栏。

（3）皮带应有护罩。

（4）双驴头抽油机、游梁平衡式抽油机、立式抽油机等应有防失载保护。

（5）支架平台应有护栏。

（6）应有运动刹车和静止刹车装置。

（7）曲柄平衡的抽油机，曲柄平衡块应有保险锁块。

（8）应有防驴头下行碰人护栏。

（9）电机、控制柜应有接地。

五、往复式天然气压缩机

（1）皮带应有护罩。

（2）应采用防静电皮带。

（3）电机应防爆。

（4）曲轴箱应有防爆门。

（5）应设置前置填料函，其上应设有放气和溢流接头。

（6）联轴器处应有无火花护罩。

（7）各级压缩之间应有安全阀。

（8）电机应有接地。

第九章　设备管理的创效途径

设备管理能为企业创造效益，设备管理人员应努力使设备管理的价值最大化。

第一节　合理选择工艺方案

工艺方案的选择对经济效益和社会效益的影响，远大于设备的选择。故设备管理人员要关注新工艺，适时引进新工艺。采用空心抽油杆洗井清蜡，热液从油管打入，从空心杆内返出，节省了洗液，缩短了洗井时间，大大降低了洗井费用。又如，采用连续管缆采油，将比有杆采油大大提高效率，并避免偏磨，应是今后油田设备管理人员大力推进的项目。再如，采用地面低压供水，井内增压注水的工艺，可大量节省注水投资。设备管理人员应将工艺和设备密切联系综合考虑。

第二节　合理选择设备

设备管理人员要选择经济适用的设备完成工作。

（1）选择高效、实用设备。

选择高效率、性价比最优的设备能为企业带来较好的效益，同时还要保证设备与本单位的管理模式、水平、工艺条件相适应。

（2）关注工艺对设备的要求，开发、配置适应工艺要求的设备。

①小排量、高压力的注水场合，应选用往复泵。

②按实际需求配置设备，防止大马拉小车。

③带压修井、带压洗井、带压更换阀门、带压连头等作业方式比泄压方式，有更好的效益。

④在油田厂站用热水或热媒供热模式取代蒸汽供热模式。前者相比后者具有水的消耗少、没有冷凝水带走的热损失等优点，总体上具有较高的经济效益。长

庆油田从2009年后，厂站建设中已不用蒸汽锅炉。

⑤随着环保要求的提高，污泥处理、废液处理、清洁化修井等设备的配备和使用效果，应引起设备管理人员的重视。

（3）关注工艺的变化，调整、改造不适应的设备。如当进站液量下降，泵、炉的参数过大时，要及时调整、改造。

（4）推广“四新”，改造耗能高的设备和工艺。

“四新”指新材料、新技术、新工艺、新设备。应推广变频器、功率因数补偿、燃油乳化、泵到泵输油、分体相变加热装置、油气混输泵、无杆泵采油、空心杆热洗清蜡、空气能采暖、太阳能采暖发电、风能发电、电磁加热、自动燃烧器、自动调容变压器、管线带压连头等油田适用的“四新”。

应改造、淘汰落后的设备和工艺，如常规抽油机、Y系列输油泵、方箱加热炉、常压加热炉、国家规定的各种淘汰设备、不密闭输油工艺、注水井泄压洗井工艺、高压井泄压修井工艺等。

（5）提高设备的机械化、自动化水平，减少用工，减小劳动强度，提高工作效率。如推广修井作业用二层台机械手、铁钻工、动力猫道等。

第三节　合理使用设备

（1）推广自动控制技术，使设备自动地、随时地保持在高效状态。

（2）使设备处于高效点工作。

①在一个站上两台炉小火运行不如一台炉大火运行。

②加热炉加热温度不能过高，以满足下站的进站要求即可。

③锅炉、加热炉的空燃比应匹配，不完全燃烧现象和空气过剩系数过大应消除。

④用变频调速、抽级、叶轮切削等方法消除离心泵出口节流，用调整柱塞直径、小皮带轮直径、变频调速等方法消除往复泵出口回流。

⑤抽油机应在合理的冲程、冲次、平衡、泵径、电机挡位下运行，应避免空抽，必要时间歇开井。

⑥对与工艺要求不符的设备，要及时调整运行参数。

⑦对严重偏离高效点运行的设备，若调整、改造仍不能改善，则应更换。

（3）做好设备的十字作业，使设备保持在最佳状态。

（4）探索低耗运行方式。如探索往复压缩机、往复泵的合理注油量并推广。

（5）开展“长寿机”竞赛活动，提高设备使用寿命。

第四节　利用和处置闲置设备

由于重组、决策失误或工艺变化等原因，油田拥有许多闲置设备。对此，应提高对闲置设备利用和处置的积极性，畅通闲置设备利用和处置的渠道，方便此工作开展，大庆油田开发了“资源淘宝系统”，可供其他油田学习推广。

闲置设备的利用和处置是经常性的、有巨大效益的工作。利用是指在本企业使用，可在内部调拨。处置指对外拍卖、销售，对本企业用不上的设备应按程序尽快处置，以减少保管费用、无效折旧等。应鼓励设备管理人员开展闲置设备的利用和处置，建立相应的管理办法，提高设备利用率。

第五节　修旧利废

一、修复旧物资

油管、油杆、抽油泵、抽油机、阀门是油田主要的旧物资。应提高修复率，保证修复质量。

（1）油管修复至少应有清洗、校直、钻通、探伤、换接箍、车扣、试压、装护丝、喷漆、打标、打包等工序。油管修复价格低于新管的50%，修复利用有很大效益。

（2）油杆修复至少应有清洗、拆扶正块、校直、探伤、热处理、修扣、喷丸、注塑、防腐、装护丝、打标、打包等工序。油杆修复价格低于新杆的50%，修复利用有很大效益。

（3）抽油泵修复除了常规的检泵，还应有缸套研磨、配加大柱塞、泵史记录。

（4）抽油机是油田数量最多的设备。若将每个采油厂因转注、关井、损坏换下的旧抽油机修复后，用于新投井（如产建井、评价井、侧钻井、探井等），可节省大量投资。抽油机修复较新购费用节省60%以上。按8型机算，每台可产生效益8万元，若每年修复500台，可产生效益4000万元。

（5）阀门在油田用量很大。气井、注水井阀门都是高压阀门，价值昂贵，修复效益显著。注水井用的高压稳流自控仪，每口井1个，每个单价1万元左右，按1万口注水井计，按3年修1次，每次修理费4000元计，每年可产生效益近2000万元。

(6) 旧轮胎应翻新后重新使用，轮胎翻新是成熟技术，1992年国家就有了正式标准。轮胎翻新不影响使用性能。

按2000台大型车辆计，每车6条轮胎、每车年驶4×10^4km、每条轮胎寿命10×10^4km计，全年需更换4800条轮胎。按每条轮胎翻新1次，平均每条轮胎能节约1350元，全年可节约近650万元。如果每条轮胎翻新2~3次，同时考虑装载机等轮式工程机械的轮胎翻新，效益还将增长。

(7) 注水泵配件

某公司共有注水泵约1800台，全年更换柱塞约2万根。修复柱塞，每根可产生效益400元，若年修复2万根，可产生效益800万元。目前柱塞修复有激光熔覆等成熟技术。注水泵的蓄能器价值主要是壳体，其易损部位为胶囊，易修复(换胶囊)，效益高。

修复的设备和材料若用于产能建设，可由产建投资支出。如某油田公司2018年在产能建设中使用闲置、修复抽油机1103台，使用修复油管78×10^4m。若修复物资用于生产，应在厂内编排资金计划时，增大修复资金，减少外购资金。

二、伴生气、余热、尾气的利用

轻烃回收、原油稳定、伴生气发电、伴生气催化供热、内燃机排气余热回收、蒸汽锅炉冷凝水密闭回收等成熟技术，应大力推广，回收油田生产产生的伴生气、尾气、余热。

长庆油田西一联，原有放空火炬，每天放空约5万方伴生气。后建轻烃厂，回收伴生气中的重质组分，同时增加2台2000kW燃气轮机驱动发电机，和2台4000kW余热锅炉，停用了站上的2台4000kW加热炉。避免了干气放空和余热浪费。经济效益和社会效益都十分显著。

油田井站上产生的伴生气，都应采用成熟技术回收利用。如可就地分离轻烃后销售压缩天然气；可采用小型LNG装置，销售液化天然气；可采用混输泵混输至下游集中回收；可采用动力分输、管道混输方式，即用压缩机输气，用泵输油，二者轮输或并输，将油气输至下游集中回收等。

大功率的燃气机驱动的天然气压缩机、发电机（如2000kW以上的），其余热应予回收。余热锅炉都是成熟技术。

从采出液脱出的水具有一定的温度，当水量较大时，应回收其中的热量。这方面各油田已有许多成功的案例，如吐哈油田鄯善污水处理站，每天处理量2700m^3，污水温度25℃（冬季），按利用到15℃计，可回收1936kW。安装一体化机组，1台260kW螺杆式水源热泵，1台管壳式换热器，替代了燃气锅炉和空调，原理如图 8－1、图 8－2 所示。

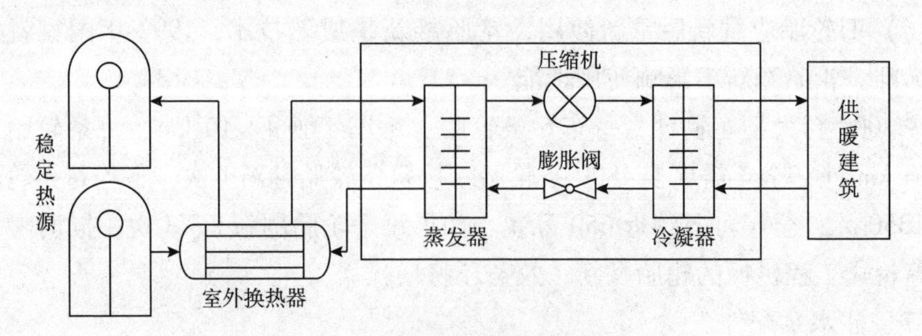

图 8－1　水源热泵冬季采暖工作原理

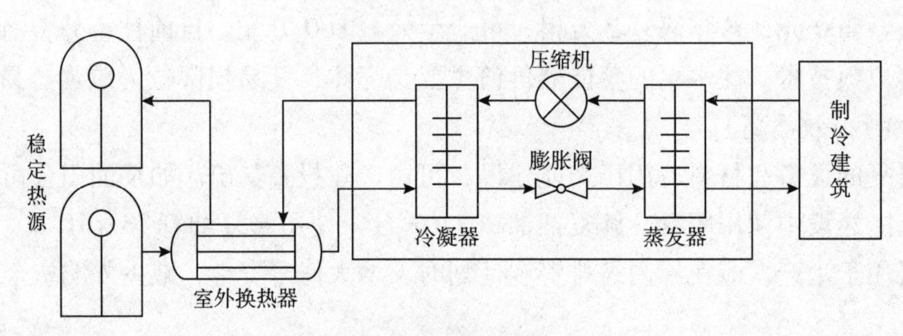

图 8－2　水源热泵夏季制冷工作原理

三、再制造

再制造是修旧利废中的一项工作。它是指对旧的零件或设备采用特殊的工艺修复，使其性能达到或超过新品，价格却比新品低很多。目前比较成熟的是用激光熔覆、等离子熔覆、热喷涂等表面增材技术修复柱塞、阀等零件。再制造的产品应有技术标准。一般的设备修复不能称为再制造。

第六节　替代

进口机组的配件国产化，具有很大的效益，许多单位在该方面有成功的经验，如空气滤清器滤芯、机油滤清器、火花塞、高压线、起动机、点火线圈、进排气阀等。在天然气压缩机上用国产燃气机油替代也获得了成功，长庆油田输气用天然气压缩机组的动力机和压缩机已全部使用国产压缩机油。

燃油炉改燃气，柴油机驱动改为电机驱动，气驱压缩机改电驱等，都有很好的经济效益。

组建自己的队伍，能自己修理的，不送外修理，减少修理费用。

第十章　设备管理指标

建立有效的设备管理评价考核体系，是设备管理工作的重要部分，对设备管理工作的计划、控制、激励起着重要作用。为了从各方面，按不同要求考核、分析设备管理的经济效果，必须采取多种指标来反映经济效果。设备的经济效果指标应包括三个方面：设备投资经济效果、设备使用经济效果、设备维修经济效果。

第一节　常用设备管理指标分析

常用主要设备管理指标如下：

一、主要生产设备完好率

主要生产设备完好率 = 主要生产设备完好台数/主要生产设备总台数

这个指标是过去最重要的设备管理指标，它反映的是一个单位完好设备的比例，适合考核基层单位的设备管理工作。若作为对一个企业或一个规模很大的单位的设备管理考核指标是不适宜的，因为，这个指标与企业的经营目标联系不紧密。它适合考核以承揽工作为主的施工企业（乙方）的设备管理工作，因为只有完好设备才能承担工作，至于是否充分利用，取决于承揽的工作量了。

当用主要生产设备完好率作为考核指标时，容易产生虚假。

二、主要生产设备利用率

主要生产设备利用率 = 全年主要生产设备实际工作时间/全年主要生产设备制度工作时间

它反映了一个单位设备被利用的程度，也是过去重要的设备管理指标，具有广泛的适用性。

它适用于以活动设备为主的企业，为提高设备投资的效益，防止设备闲置浪费，用主要生产设备利用率进行考核，比较直观、有效。

它不适用于以安装设备为主的企业。油田公司的设备以安装设备为主，利用情况由工艺决定，很难通过主观努力提高利用率，该指标起不到激励效果。有时，甚至希望降低利用率，如对抽油机井实行间歇开井，避免空抽，可有效降低能耗。

三、设备固定资产报酬率

设备固定资产报酬率 =（全年利润总额 + 全年税收总额 + 全年利息支出）/全年设备平均原值

全年设备平均原值 =（年初设备原值 + 年末设备原值）/2

衡量设备固定资产获利能力的指标。这个指标适合于制造业及以承揽工作为主的施工企业（乙方），不宜作为考核指标，只宜作为分析指标。

四、净利润设备维修费用率

净利润设备维修费用率 =（全年设备维修费 + 全年设备大修费）/全年净利润总和

衡量设备维修费用对净利润的影响的指标。这个指标也适合于制造业及以承揽工作为主的施工企业（乙方），不宜作为考核指标，只宜作为分析指标。

五、设备维修费用率

设备维修费用率 = 全年设备总维修费/全年设备平均原值

衡量设备维修费用是否合理的指标。用于单机，可推算设备是否还有使用价值。用于单位，由于各单位设备的新旧程度不同，只可粗略估计各单位设备修理费用的合理与否。适合于作为基层的设备管理考核指标，如作业区考核小队或小队考核班组。

设备维修费用率与设备的新旧程度、设备的类型和完成的工作量有关，设备新度系数高、固定设备多、完成的工作量少，则设备维修费用率低，反之则高，即设备维修费用率与设备新度系数成反比，与完成的工作量成正比。某油田公司2017 年各类设备的维修费用指标如表 10 – 1 所示。

表 10 – 1　某油田公司 2017 年各类设备的维修费用指标

设备名称	台均维修费用/元	维修费用率/%	折旧维修费用率/%	新度系数
1. 抽油机	1775	0.01	0.01	0.23
游梁式抽油机	1774	0.01	0.01	0.23
无游梁式抽油机	4180	0.01	0.01	0.23

续表

设备名称	台均维修费用/元	维修费用率/%	折旧维修费用率/%	新度系数
2. 注水泵	34741	0.18	0.35	0.5
离心式增压注水泵	1028	0.02	0.05	0.57
往复式注水泵	35675	0.18	0.36	0.5
往复式增压注水泵	12143	0.08	0.16	0.51
3. 注聚合物装置	9612	0.17	0.29	0.41
搅拌器	1865	0.08	0.09	0.07
注聚泵	29553	0.24	0.37	0.35
4. 注醇泵	518	0.02	0.03	0.22
5. 输油泵	14883	0.15	0.27	0.47
离心泵	15178	0.12	0.21	0.42
往复泵	14372	0.14	0.33	0.56
螺杆泵	15748	0.18	0.39	0.52
齿轮泵	793	0.09	0.14	0.34
6. 往复式天然气压缩机	383800	0.04	0.08	0.43
7. 加热炉	6135	0.06	0.09	0.38
火筒式间接加热炉	11125	0.04	0.06	0.32
立式管式加热炉	4084	0.06	0.12	0.45
卧式管式加热炉	12393	0.07	0.17	0.57
导热油加热炉	14489	0.02	0.03	0.26
相变加热炉	28088	0.09	0.14	0.38
8. 运输车辆	5879	0.02	0.02	0.09
载货汽车	2491	0.01	0.01	0.07
客运车	9029	0.02	0.02	0.1
9. 辅助专用车辆	16459	0.03	0.03	0.24
10. 工程机械	11879	0.04	0.04	0.14
11. 动力设备	9068	0.06	0.08	0.29
柴油发电机组	2814	0.01	0.01	0.24
柴油机	7905	0.42	0.51	0.18
12. 工业锅炉	14558	0.03	0.04	0.11
13. 工业泵	9963	0.10	0.19	0.47
离心泵	11254	0.10	0.19	0.48
往复泵	7763	0.12	0.18	0.32
螺杆泵	2985	0.06	0.21	0.72
14. 电力变压器	531	0.01	0.01	0.19
15. 高压变频器	1983	0.03	0.04	0.16
16. 焊接切割设备	2256	0.08	0.10	0.17

六、设备新度系数

设备新度系数＝年末设备固定资产净值/年末设备固定资产原值

反映年末设备的新旧程度。它是瞬时指标，不能反映一个企业全年设备的新旧程度。

目前折旧遵循平均年限法，各种设备的折旧年限由股份公司确定，规定的折旧年限部分与实际使用寿命不符，如规定汽车、抽油机的折旧年限均为8年，实际这些设备的使用寿命都为10年以上。用设备的净值和原值比较算出的新度系数，不能准确反映设备的新旧程度。

设备大修或改造后，技术性能改善，新度系数则应提高。但由于现行财务制度的规定，若大修或改造的费用进成本，不能增加设备的净值，因此设备的新度系数不能提高，造成新度系数与实际新旧程度不符。

在股份公司内，油田公司及下属各单位设备购置的规模由上级确定，设备新度系数的大小无法由本单位决定，因此无法将其作为考核指标。但新度系数可作为统计指标，使上级了解下属单位设备的折旧程度，供做投资决策时参考。

七、主要生产设备故障停机率

主要生产设备故障停机率＝设备故障停机台时/（设备实际开动台时＋设备故障停机台时）

它较直观地反映了主要生产设备故障停机情况，该指标可直接反映设备管理水平。

主要生产设备故障停机率可用于比较不同生产厂家的相同产品的质量，可用于比较不同类型的相同功能产品的优劣，可用于比较不同使用单位的相同产品的管理水平等。

八、设备大修计划完成率

设备大修计划完成率＝全年实际完成大修理计划内设备台数/全年计划大修理台数

该指标适合于安全要求很高、必须定时检修设备的单位［如采气厂、净化（处理）厂、炼油厂等］。若年初制定了检修计划，可用计划完成率考核其工作完成情况。

九、设备泄漏率

设备泄漏率 = 设备泄漏点总数/设备密封点数

这是一个纯技术指标，适合于作为对单机或基层单位的考核指标，若作为对一个企业或一个规模很大的单位的设备管理考核指标是不适宜的。因为，该指标与企业的经营目标联系不紧密。该指标适合于炼油、化工等介质泄漏后果严重的企业，也适用于油气田的集油（气）站、联合站、集中处理站、轻烃厂、天然气净化厂等管线密集、流程复杂的厂站。

十、平均役龄

平均役龄 = 所有设备的役龄之和/设备总数

这个指标，既可以计算各类设备的平均役龄，也可以计算各单位的总设备役龄。在衡量某类设备的新旧程度时，平均役龄与规定的使用寿命之比可较准确地反映出该类设备的新旧程度。在衡量单位的设备新旧程度时，相同单位的设备平均役龄具有可比性。

十一、设备折旧维修费用率

1. 定义

设备折旧维修费用率 = 全年设备总维修费/全年设备平均累计折旧

全年设备平均累计折旧 = 全年设备平均原值 - 全年设备平均净值

平均值 = (年初值 + 年末值)/2

上式中，是将原“设备维修费用率”定义的分母，由“全年设备平均原值”改为“全年设备平均累计折旧”。分母改为折旧后，便于比较设备新旧不同的单位间的设备维修费用。虽然，单个设备的维修费用是按浴盆曲线发生的，但对每年都有新设备投入的一个单位来说，浴盆曲线就不显著了，可近似认为，设备的维修费用与累计折旧是同步增长。在“设备维修费用率”中加“折旧”二字，以示与原“设备维修费用率”相区别。设备折旧维修费用率比设备维修费用率要更合理一些。

目前，中国石油、中国石化都已把“平均役龄”和“设备折旧维修费用率”指标纳入统计。

2. 设备维修费用率与设备折旧维修费用率的关系

原“设备维修费用率”适合于分析一个单位历年的维修费用变化情况，即纵向分析。设备折旧维修费用率适合于分析各个单位同期的维修费用情况，即横向分析。

设备维修费用率和设备折旧维修费用率的数学关系推导如下：

设 W：设备年维修费用；

Y：设备原值；

J：设备净值；

Z：设备累计折旧；

α：设备新度系数；

β：设备折旧维修费用率；

δ：设备维修费用率。

则

$$Y - J = Z \tag{10-1}$$

$$J/Y = \alpha \tag{10-2}$$

$$W/Z = \beta \tag{10-3}$$

$$W/Y = \delta \tag{10-4}$$

$$\beta = W/(Y - J) = W/Y(1 - \alpha) = \delta/(1 - \alpha) \tag{10-5}$$

3. 设备折旧维修费用率与设备维修费用率的应用对比

假设现有两个企业，设备原值均为8000万元。甲企业设备净值为6000万元，年设备维修费为100万元；乙企业设备净值为3000万元，年设备维修费为200万元。试进行比较。

计算结果如表10－2所示。

表10－2 计算结果表

指标	甲企业	乙企业
设备折旧维修费用率/%	5	4
设备维修费用率/%	1.25	2.5

由此看出，两种指标的评价结果完全相反，按设备折旧维修费用率，乙企业低；按设备维修费用率，甲企业低。由于设备折旧维修费用率考虑了两个企业设备新旧程度的不同，维修费应有差异，因而更合理一些。

十二、主要设备单耗

指主要设备完成单位工作量所消耗的能源。如抽油机的单耗指举升每吨液所耗电能，单位为kW·h/t液；输油泵的单耗指输送每立方米油所耗电能，单位为kW·h/m³；注水泵的单耗指注入每立方米水所耗电能，单位为kW·h/m³；锅炉的单耗指产生每吨蒸汽所耗燃料热值，单位为吨标煤/吨蒸汽；加热炉的单耗指加热每立方米原油所耗燃料热值，单位为吨标煤/立方米原油。

上述单耗指标中，未考虑抽油机井井深的差异，输油泵、注水泵由于管线阻力不同造成的泵压差异。作为对单位的评价指标，这样已具有实用意义了。若评价具体的抽油机、泵，应考虑这些差异。

第二节 提出新的设备管理指标

根据实际工作需要，提出新的对基层设备管理工作的考核指标。

一、特种设备注册率、检验率

特种设备注册率是指特种设备注册数与实际特种设备拥有数之比，特种设备检验率是指特种设备检验数与特种设备应检数之比。

特种设备在油气田生产中的危险性大，对特种设备注册率、检验率要求必须是100%，应将这两个指标列入考核。

二、换炉率

换炉率=每年更换炉子数量/在用炉子总数

某油田公司每年加热炉的更换量很大，虽然使用条件差别不大，但各下属单位之间换炉率差别很大，这反映出各单位管理水平的差异，为了评价这种差异，设立了换炉率这个指标。将换炉率列入年度考核表中，促进各单位加强加热炉管理。

类似的指标，也可以在其他设备上应用，如抽油机减速器、电机的维修率（减速器的维修数/抽油机总数、电机的维修数/抽油机总数），可评价各采油队的减速器、电机的管理水平。根据不同时期的不同问题，可设立专用的实用考核指标。

三、闲置率

闲置设备数量与设备总数量之比。它可用于各类设备，也可用于各单位，用此指标考核闲置设备非常直观。

四、因设备故障影响的产量

为了减少设备故障对生产的影响，加强设备管理人员对生产的关注，可增设

“因设备故障影响的产量”这个指标。具体到各单位，可细化为影响的原油产量、影响的注水量、影响的输油量等。此指标适合于单位考核设备管理部门，不适合设备管理系统内上级考核下级。

第三节 设备管理指标的使用

按用途，设备管理指标可分为统计指标和考核指标。统计指标只做统计分析用，不参加考核，考核指标不仅做统计分析，还要参加考核。

统计指标：设备数量、原值、净值、新度系数、总功率、全年实际设备维修费用、平均单台维修费、平均役龄、主要生产设备利用率、主要设备综合完好率、设备管理专职人数、设备维修总人数。

考核指标：主要设备单耗、设备折旧维修费用率、特种设备注册率、特种设备检验率、主要生产设备故障停机率、换炉率、闲置率、因设备故障影响的产量、重大设备事故发生率等。

主要生产设备利用率、主要设备综合完好率作为考核指标，起不到激励作用。每一个管理层次的考核指标可以不同，如特种设备注册、检验工作由厂设备管理部门组织，故特种设备注册率、检验率只对厂级考核。

上述指标中，主要生产设备利用率反映了设备投资经济效果，主要设备单耗反映了设备使用经济效果，设备折旧维修费用率反映了设备维修经济效果。

第四节 全面评价设备管理工作

仅有设备管理经济技术指标评价、考核设备管理工作是不够的，还应对设备管理的各方面进行评价、考核。评价、考核内容要具体，便于操作，应做到量化打分，依分排序，公布名次，鼓励先进，刺激落后。通过对各单位设备管理工作的评价、考核，促进各单位重视设备管理，改进工作，提高设备管理水平。设备管理考核表应根据不同时期、不同情况进行修订，应突出对设备管理中存在的主要问题、重点工作的考核。可制定设备管理考核表，为便于使用，分为机关设备工作检查标准与现场设备工作检查标准两部分，如表 10－3、表 10－4 所示，各为 100 分，二者和为总分，分别占 70% 和 30%。

表 10－3　机关设备管理工作检查考核标准

序号	检查项目	分值	检查要求	扣分标准
一	设备管理主要技术指标	15		
1	设备故障停机率	2	不高于考核指标	高于考核指标不得分
2	责任事故发生率	3	无责任事故。管理事故也视为责任事故，如丢失购车发票、新购设备闲置、设备选型不当等	有管理事故扣完。发生特大设备责任事故扣完
3	设备折旧维修费用率	2	不高于3%	每高1%扣1分
4	特种设备注册率	3	100%	每低5%扣1分，扣完为止
5	特种设备检验率	3	100%	每低5%扣1分，扣完为止
6	闲置率	2	不高于考核指标	高于考核指标不得分
二	设备管理体制、制度	20		
1	设备管理机构	7	主要生产单位设置有设备管理部门，有副总机械师、专职设备科长和设备人员，大队级单位有专（兼）职设备管理人员	无副总机械师或专职设备科长不得分，设备管理人员不足扣2分
2	设备管理程序	4	有年度、月度设备管理工作计划和总结	无计划、无总结不得分
		2	设备管理工作有活动、有纪录、有总结	无记录、总结不得分
		2	在公司开展的论文发布、长寿机、红旗设备等活动中获奖情况	无奖不得分
3	设备管理制度	2	①设备管理办法。②设备维护保养制度。③设备使用制度（岗位责任制、交接班制、巡回检查制、操作规程）。④设备油水制度。⑤设备封存、报废制度。⑥重点设备管理制度。⑦设备事故管理制度。⑧设备资料、档案管理制度。⑨设备管理奖惩制度。各项制度都要落到实处	少1项扣1分，扣完为止
4	设备管理标准	3	有主要设备技术标准和设备管理人员工作标准	少1项扣1分，扣完为止

续表

序号	检查项目	分值	检查要求	扣分标准
三	设备修理	20		
		2	有年度设备维修计划，计划安排合理，保证了主要设备的修理	1 项不符，扣完
		2	对修理费用有控制措施	无控制措施不得分
		1	修理计划全面完成	1 项不符，扣完
		3	修理合同中修理内容和价格详细、合理	1 项不符，扣完
		2	修理质量、范围符合合同要求	1 项不符，扣完
		3	设备修理按公司规定的程序进行	有未按规定程序办的不得分
		2	按时、按范围进行了各级保养	1 项不符，扣完
		5	有详细、完整的保养、修理费用原始统计资料，进行了经济技术统计分析。根据分析制定了对策	无对策扣 1 分，无分析扣 2 分，资料不全扣 3 分
四	设备检查、考核	7		
		4	厂每年设备检查不得少于两次、大队每季度一次、小队每月一次	无记录、无通报不得分；厂少查 1 次扣 1 分
		3	定期开展设备评选竞赛活动、奖惩兑现	无活动扣完
五	设备事故管理	4		
		1	事故记录准确、齐全	1 项不符，扣完
		1	上报及时	1 项不符，扣完
		2	做到“四不放过”	1 项不符，扣完
六	闲置报废设备管理	6		
		1	闲置、报废设备台账齐全、准确；账物相符	1 项不符，扣 1 分
		1	开展调剂利用工作，尽可能减少闲置设备	未开展，扣完
		2	设备报废申请符合实际	1 项不符，扣完
		2	有闲置设备库，设备保管妥当	无库扣完，保管不当扣 1 分

续表

序号	检查项目	分值	检查要求	扣分标准
七	技术培训	6		
1	培训记录	1	有设备使用、管理人员培训计划并完成，考勤、考卷、成绩齐全	1 项不符，扣完
		1	教材、教员、时间、对象落实	1 项不符，扣完
2	设备管理人员培训	2	管理人员按要求参加了培训，能够胜任工作	1 项不符，扣完
3	技术工人培训	2	新设备启用前进行了操作人员培训。设备操作新人员上岗前进行了培训	1 项不符，扣完
八	设备管理基础资料	4		
1	设备档案管理	2	主要设备档案齐全，包括：①说明书（含有操作规程、维修保养规程）；②配件目录；③合格证、安装验收单；④重点设备选购（改造）技术论证报告；⑤设备事故报告表；⑥设备大修合同及交接验收单；⑦主要生产设备维修手册；⑧设备调拨存根；⑨各种工作总结	1 项不符，扣 1 分，直至扣完
2	设备管理统计报表	2	各项报表报送及时，数据准确齐全	未按时交报表不得分，1 处差错扣 1 分
九	设备改造及四新应用	15		
		5	积极、圆满完成公司安排的项目	有 1 项未完，扣完
		5	有项目，有总结，对比资料齐全、可信，经济效益、社会效益显著	无项目扣 5 分，少 1 项总结扣 1 分，资料错 1 处扣 1 分，扣完为止
		5	有成果，有论文	无成果扣 3 分，无论文扣完
十	设备购置	3	购置理由充分，新购设备满足使用要求，及时收集新设备使用信息。及时核销	新设备闲置、不满足使用要求不得分。不掌握新设备使用信息扣 2 分。延迟核销 1 年以上扣完

表 10－4　现场设备管理工作检查考核标准

序号	项目	分值	内容	扣分标准
1	设备运行状态	15	设备的额定参数与实际需要是否一致？设备的调整是否在最佳状态	设备的额定参数与实际需要差距较大，扣8分；设备的实际参数调整不当，设备运行在不合理状态，扣7分
2	设备安装情况	7	是否水平、稳当、对中、齐全、牢靠、合理	有1项差距较大，扣2分
3	十字作业情况	15	清洁、润滑、紧固、防腐、调整	发现1项问题，扣5分，15分扣完为止
4	设备保养情况	13	是否按时间和内容进行了各级保养？保养的质量如何	未按时保养，扣完；保养内容不全、保养质量差，发现1项扣2分，扣完为止
5	设备经济管理	15	设备的能耗计量统计是否准确、齐全？设备的维修费用统计是否准确、齐全？能耗、维修费用是否合理	100kW以上设备未进行单机能耗计量扣5分，计量不准扣3分；设备的维修费用未统计，扣5分，统计不全扣3分；能耗、维修费用不合理，扣5分
6	设备运转记录	10	故障及维修是否记录齐全	发现1项问题，扣3分，10分扣完为止
7	操作工人技术水平	10	是否持证上岗？是否达到应知应会	有1人未持证上岗扣5分；抽问4个问题，答错1个扣2分。10分扣完为止
8	设备完好状况	15	能否达到额定出力？附件是否齐全？运行状态参数是否正常？有无异常声音、振动	不能达到额定出力，扣5分；附件缺1项扣2分；运行状态参数不正常，扣5分；有异常声音、振动，扣5分。15分扣完为止

第十一章　设备管理的工作形式

设备管理的工作内容很多，如技术交流、调查研究、考核评比等，都需要用一定的形式来进行。

第一节　会议

会议是推动工作的有效形式之一。开会要有目的、有效果，开会前要充分准备，会后要检查会议效果。油田公司设备管理部门应当每年召开下列会议。

一、设备管理工作会

由油田公司和二级单位主管设备的领导、设备管理负责人参加，会议总结工作，交流经验，讨论存在的问题，提出改进工作的建议，安排重点工作，表彰奖励设备管理先进集体和先进个人，公司主管领导对设备管理工作提出要求。这是全年公司设备管理工作最重要的一次活动。

总结应概述公司全年整体设备管理工作，推荐有特色的工作方式，指出工作中存在的问题。

公司召开季度设备科长例会也是一种简单、有效、实用的工作方式，可及时总结、安排、交流工作。

二、设备工程论文发布会

由编写论文的作者、评委参加。会议交流设备管理方法、新设备使用效果及老设备技术改造成果，组织专家对论文进行评审并奖励获奖作者。论文发布会应气氛活跃，讨论热烈。各厂处先开论文发布会，优胜者参加公司的论文发布会。对论文应编印成册，发给每个设备管理人员，以便交流。对优秀论文，可向有关杂志社、论文集推荐。这个会议促使设备管理人员钻研业务、总结工作，提高素质，同时为晋升技术职称创造一些条件。采用发布会的形式，可给设备管理人员创造面对面交流的机会，锻炼设备管理人员的演讲能力。每个设备管理人员每年应至少写1篇论文。

该会议要提前半年以上发布会议通知，以便设备管理人员有时间撰写论文。论文撰写应注意以下事项：

（1）要按标准的科技论文格式撰写，摘要应概括文章的主要内容、观点，要介绍研究工作的目的、方法、结果和结论，主题词要规范、恰当，要用法定计量单位，计量单位的字母书写规范；

（2）写经济效益时，一定要写投资，要计算投资回收期；

（3）应用评价类论文，重点介绍设备的使用效果，如与工艺的匹配性、能耗、水耗、故障次数、故障内容、易损件寿命、操作便利性、维修费用等，要全面评价设备，既要说优点，也要说缺点；

（4）挂名作者须为参与该项工作的人；

（5）论文要深入探索原因，要有一定深度；

（6）每个观点都要有依据，文章中要写出；

（7）比较两种设备时，被比较的设备一定要在合理的、相同的工作状态。

推荐论文评比标准如表11－1、表11－2所示。

表11－1　理论类论文评比标准

序号	评分项目	分值范围
1	观点正确	8
2	观点新颖	12
3	论据充足	8
4	推理严密	8
5	工作指导性强	11
6	推广应用前景好	10
7	文章结构完整	9
8	文字简练、流畅	9
9	主题明确，条理清晰	9
10	简介、主题词、引用等符合标准	8
11	计量单位应用正确	8
12	有抄袭嫌疑	不评

表11－2　技术类论文评比标准

序号	评分项目	分值范围
1	经济效益计算真实、详细、全面，计算了投资回收期	12
2	效益显著	15
3	技术先进、新颖	10
4	技术可靠实用	10
5	技术推广应用前景好	10
6	文章结构完整	9
7	文字简练、流畅	9
8	主题明确，条理清晰	9
9	简介、主题词、引用等符合标准	8
10	计量单位应用正确	8
11	有抄袭嫌疑	不评

三、设备维修管理工作座谈会

设备维修管理工作座谈会由各维修单位代表和油田二级单位的设备管理人员

参加。会议总结年度设备维修工作，交流经验，通报存在的问题，提出工作要求，甲乙双方加强相互沟通，颁发年度维修准入证。

四、新设备、新技术交流会

各单位的设备管理人员参加，邀请一些单位介绍新设备和新技术，是设备管理人员学习新技术、掌握设备发展动向、开阔眼界、更新知识的一次活动。

该会议可和设备工程论文发布会一起开，以减少开会次数。

五、专题研讨会

邀请相关人员，就制度制订、设备重大事故和故障分析、技术方案、设备选型、设备技术成果评审等专题问题进行讨论，作出结论，形成会议纪要。在开此类会前，应将会议内容提前通知与会人员，以便有所准备，在会上提出准确的意见。

公司设备管理部门应经常组织设备选型研讨会，邀请相关的设备使用单位、制造厂家、工艺管理、工艺研究等方面的技术人员参加，对某一类设备选型问题进行研讨，形成会议纪要，指导该类设备的选型工作。

第二节　检查

检查是促进工作的有效手段之一。检查要深入、细致。检查标准要量化，检查结果要排序，检查情况要通报。

一、设备管理工作检查

公司每年应组织1次设备管理工作检查，由公司和各主要生产单位的设备管理骨干组成检查组，检查与交流、调研相结合，在检查的基础上对各单位设备管理进行量化排序，将考核结果发文通报。对存在的问题，应实名通报，要对排名靠后的单位有一定压力和促进作用。

各主要生产单位每年应至少组织2次设备管理检查考核，作业区每月检查考核，班组每天检查。

不同层次的设备检查，应有不同的重点。油田公司级设备管理检查以设备管理力量配备、设备利用程度、设备改造成果、设备合理使用、修理费用控制、设备对工艺的满足程度、设备的消耗、压力容器的注册检验等为重点；厂级设备管理检查以计算机设备管理信息系统录入、设备合理使用、油水管理为重点；作业区级设备管理检查以设备现场十字作业、操作人员技能、运转记录、设备消耗等为重点；班组以设备现场十字作业为重点。

二、专项检查

根据实际工作需要，有针对性地开展专项检查活动，以促进专项设备管理水平。

开展先进锅炉房的检查评比活动。组织油田锅炉专家，按锅炉房检查评定标准对各锅炉房逐个进行检查，并评出先进锅炉房，予以通报表扬。这种检查指导性强。

油田公司应每年检查一部分主要设备修理厂家，促进修理厂家提高管理水平。对问题较多的厂家，取消入网资格。

对燃烧器及安全联锁保护装置检查和检测，应实现全覆盖，以确保安全。

第三节　培训

油田生产规模的扩大，设备种类的增多，设备技术水平的提高，人员的更替，要求各级设备管理部门要经常组织各类培训活动，提高设备管理和使用人员的管理水平、技术水平。

一、培训的形式

1. 按培训地点分

（1）现场培训：适用于不便在室内进行的项目，以培训实际操作方法为主。

（2）赴厂家培训：适用于需要学习装配方法、试验方法、了解内部结构和制造工艺的培训。

（3）院校培训：适用于通用专业人员的培训。

（4）本单位培训：适用于受训人员较多的培训。应将设备打开，能看内部结构，并让学员动手装拆。应将各个设备之间的流程用管线在地面连接并展示。

2. 按教员来源分

（1）聘请学校教员：适用于理论性、专业性较强的培训。

（2）邀请厂家技术人员授课：教员应收集设备使用中存在的问题，有针对性地讲授，适用于专业性较强的培训。

（3）本单位专家授课：结合本单位实际情况，自编教材培训，适用于管理方法的培训。

二、几种必需的培训

1. 新设备投产前使用人员培训

由于技术进步，新设备与老设备存在差异，且存在新上岗操作人员，所以新设备投产前必须培训操作人员。

2. 新操作人员上机前培训

由于新操作人员对设备不熟悉，没有操作经验，所以新操作人员上机前必须培训。

3. 设备改造后的操作人员培训

设备改造后，设备的某些结构、性能发生了改变，操作要求也会有所变化，操作人员要操作改造后的设备，仍必须经过培训。

4. 特殊岗位取证培训

国家规定的特殊岗位人员必须经过培训，以取得相应资格证，如汽车司机、工程机械司机、司炉工、水处理工、设备监理工程师、压力容器检验员等。

5. 标准起草人培训

负责起草标准的人员应参加标准起草人培训。

三、培训内容

（1）设备的操作维护技能培训：设备的结构、原理、操作方法、维护要求、故障处理等。

（2）设备管理理论培训：设备管理制度、主要设备技术标准、设备管理信息系统等。

四、培训的要求

（1）培训内容要实用，注重效果。

（2）有教材、有考勤、有教员。

（3）要考试、要发结业证。

第四节　调研

油田公司设备管理部门应主动开展设备调研活动，准确了解设备信息，以便做出正确决策。

一、调研的种类

1. 新设备、新技术引进调研

到设备用户处了解设备的实际性能、存在的问题，确定该设备对本单位是否适用；到设备生产厂家了解厂家的资格、技术能力和产品的制造工艺，确定该厂家是否可以合作。

2. 设备使用现状调研

了解本单位某类设备的实际使用状况，包括工作量、负载率、故障率、故障现象及原因、优缺点等，找出工作的方向。

3. 事故调查

深入现场，了解事故发生的过程，分析事故的原因，提出处理意见和防范措施。

二、调研的方法

1. 现场调研

到设备使用现场，了解设备使用状况，进行必要的试验，查看、摘抄资料，拍摄相关的照片，分析问题的原因，探索解决问题的方法。

2. 设计调查表

调查表的设计应紧紧围绕调查目的，合理设置栏目。调查表的栏目设计应定义准确、详细；栏目设计应列出需要调查了解的全部内容；应由最基层的设备相关人员填写；规定每个栏目的计量单位、填写要求，填写单位不能合并或删减行列，不能变更填写要求，以便于汇总。

3. 座谈会

召集相关的、了解第一手情况的人员介绍设备情况，应提前将会议内容通知与会人员，以便准备。

三、调研活动的要求

（1）根据不同的调研内容，采取不同的调研方式，有时几种方式综合运用。

（2）调研中，要了解第一手资料，要争取看到动态的设备、解体的设备，见到书面材料。不仅要听取介绍，更要见证实物、实例，进行必要的试验。

（3）要了解设备的生产厂家、型号、投产时间、使用时间、额定参数、实际能力、工艺条件、故障的种类和频次、整机及配件价格、能耗、优缺点、使用说明、管理规定等方面的情况。尽量多获取书面材料。

（4）不论何种调研，最终都要形成调研报告。

①内容要全面，既有正面的材料，也要有反面的材料。

②内容要有深度，反映问题的实质。

③观点鲜明，要说实话，不写虚话、空话。

④内容不重复。

⑤观点要有证据、数据支持。

第五节　设备技术标准

设备的技术标准是指导设备设计、制造、验收、使用的依据。当国家标准、行业标准、企业标准不能满足本单位的要求，需要本单位自己制定标准，设备管理部门要通过制定设备技术标准，规范设备的采购、使用，推动设备的技术进步。

制定标准，应注意以下问题：

（1）认真收集现场对设备的要求，包括参数、配置、功能、质量保证及售后服务等，在标准中做出要求。

（2）应对设备及易损件的寿命、设备的互换性等做出要求。

（3）应对设备的型号命名方法、规格系列、各部分的技术要求、重要技术参数、效率、消耗、防护、排放、试验方法、检验规则等做出规定。

（4）自编标准的技术要求应高于国家标准、行业标准、企业标准，自编标准中未涉及的方面，应遵守国家标准、行业标准、企业标准。国家标准、行业标准、企业标准已有的内容，注明参见处即可。

（5）标准中不能用模糊文字，要尽量量化，有约束力。

（6）没有参与起草的人不应挂名，起草人应有解释标准的能力。

（7）在标准中吸收本单位已验证过的成熟新技术成果，将成果固化在标准中，用标准去推动新成果的应用。

（8）召开研讨会，征求基层用户、厂家的意见，完善标准。

（9）报送公司标准化委员会，审查发布。

（10）可根据技术的发展及时修订技术标准。

（11）设备技术标准应作为订货合同的附件，约束供应商，指导验收。

长庆油田公司近几年多次修订抽油机标准，规定了长庆油田适用的各型抽油机的冲程、冲次、减速器扭矩和速比、电机功率和转速，规定了抽油机的形式、配置、保护功能等。2009 年及以后各年的抽油机标准中要求全部实行游梁平衡、低冲次、无水泥基础、带支撑装置和围栏。标准规定保修期为：铆焊件 3 年、减速器 2 年、其他 1 年。

第十二章　抽油机技术发展及管理

第一节　抽油机的形式和特点

20 世纪 90 年代以后，国内各种新型抽油机不断出现。有的机型经过不断完善，已在油田大量应用。抽油机按有无抽油杆分为有杆泵类和无杆泵类。

一、有杆泵类

1. 按有无游梁分类

（1）游梁式

按平衡重位置分：游梁平衡、曲柄平衡、复合平衡。

按连杆与游梁的连接位置在支点前后分：前置式、后置式。

按游梁形式分：直梁式、弯梁式、变后臂式（双驴头式）。

按驴头让位形式分：侧转式、上翻式、上挂式、下缩式。

游梁式抽油机的总体特点是冲程短，在小型抽油机上优势突出。

（2）无游梁式

①立式：

按电机位置分：顶置式、下置式；

按换向方式分：电机正反转式、链条往返架式、曲柄连杆式、齿轮驱动环形齿条式等；

按电机运动方式分：往复式、转动式；

按让井口方式分：整体后移式、天车轮后移式。

立式抽油机的总体特点是冲程长，在大型抽油机上优势突出。

②转动抽油杆式：地面驱动螺杆泵。

2. 按平衡方式分类

有杆泵类抽油机按平衡方式可分为：气动平衡、机械平衡。

有杆泵类总体上可分为曲柄游梁式、立式、转动抽油杆式。特点是价格低，排量小，井身的直线度对抽油机系统效率有较大影响。

二、无杆泵类

（1）电力驱动：

潜油直线电机：往复泵；

潜油旋转电机：螺杆泵、离心泵、往复泵。

（2）液力驱动：水力活塞泵、水力射流泵。

（3）气动驱动。

除电动潜油往复泵不适合高产井外，无杆泵类的特点与有杆泵类相反。

第二节　抽油机近年发展的趋势

一、冲次下降

油井单井产量下降，对抽油机的冲次要求逐渐降低。在20世纪90年代以前，长庆油田抽油机的冲次范围是6次/min、9次/min、12次/min，由于液量低，即使采用最低冲次，仍导致空抽、干磨、系统效率低下，1995年以后将冲次降为5次/min、7次/min、9次/min，后又降至3次/min、5次/min、7次/min。随着液量的进一步减小，需要继续减小冲次。为此，一些采油单位采取了增设中间皮带轮，形成二级皮带减速的模式，将冲次降到3次/min以下，但现场改装费用较高。长庆油田从2008年开始在产建中全面推广低冲次抽油机，使冲次达到2.5次/min、3.5次/min、5次/min。方案是用减速比为44的减速箱和8极电机。长庆油田目前大力推广28mm抽油泵，冲次2.5次/min、3.5次/min、5次/min，但单井产量仍在下降，抽油机冲次有进一步降低的要求。大庆油田已试用了三级齿轮减速的减速器，冲次可降到1次/min以下。

二、双井机

由于丛式井的大量采用，为了节能、节省投资，已有多种双井机出现。所谓双井抽油机，即为两口井的抽油机共用一个电机、一个减速器，上下冲程相反、互相平衡。它具有一口井停抽，另一口井仍可抽油正常生产的能力。

图12-1是并列游梁式双井抽油机，主机上有电机、减速器，通过万向传动轴驱动副机，两台抽油机互相平衡，每台抽油机游梁尾端可电动伸缩，进行游梁平衡调节。可自动检测平衡状况，自动调节平衡。当一台修井时，摘除其连杆下

端连接，可单独运行任一台抽油机。每台投资节省0.1万元，节电30%左右，传动轴是薄弱环节。

图12－2是双驴头式双井抽油机，它的两个驴头可以伸缩调整，驴头的曲率半径也可调，底座下面有圆形轨道。当左井修井时，摘下左驴头，缩回左游梁，重调平衡，右井仍可正常抽油；当右井修井时，需摘下左驴头，缩回左游梁，将抽油机整体水平旋转180°，伸缩驴头，悬点对准井口，调整驴头曲率半径，调整平衡，左井也可单独抽油。

图12－1　并列游梁式双井抽油机

图12－2　双驴头游梁式双井抽油机

图12－3是立式双井抽油机。两个天车轮可以伸缩，以适应不同井距和满足修井要求。塔架中间有配重，适应修井时单井抽油。利用开关磁阻电机正反转实现往复运动，冲程、冲次可方便地无级调整。

图12－3　立式双井抽油机

三、新型潜油电泵

过去的电潜泵指的是电潜离心泵，适合于高产井。近年出现了多种电潜泵，主要适用于低产井。相比抽油机，电潜泵具有较高的系统效率，一般可节电20%左右。

1. 直线电机驱动往复泵

永磁直线电机直接驱动单柱塞抽油泵，已在现场试验十几年了，全国现有200多台在用。在1600m以内，整套系统（含电缆、电机、泵、辅助设施）相比有杆泵系统投资少。目前平均寿命约400d，最长达到900d以上，缺点是直线电机效率低，造成装机功率大，电缆投资大。为解决效率低，大庆油田开发、试验了双作用抽油泵。

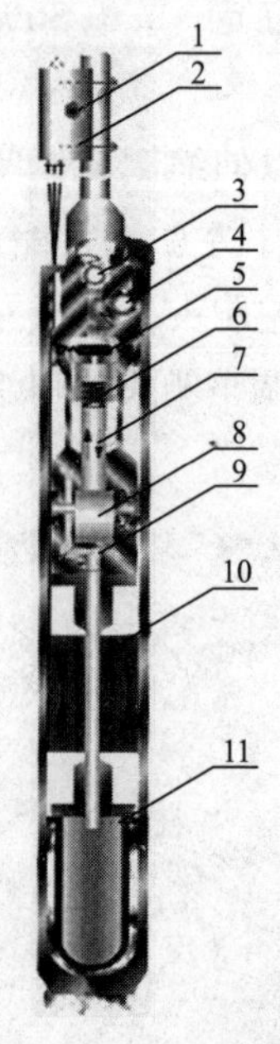

图 12－4　井下隔膜泵

1—单向阀；2—电缆插座；3—排出阀；4—吸入阀；5—橡胶隔膜；6—复位弹簧；7—柱塞泵；8—偏心驱动；9—减速器；10—电机；11—补偿器

它有两种形式：

动柱塞式：电机动子上行出油，此种动子受压力，易弯曲；

动泵筒式：电机动子下行出油，此种动子受拉力，不易弯曲。

2. 旋转电机驱动隔膜泵

潜油旋转电机通过一对伞齿轮换向、减速，驱动凸轮、柱塞、隔膜，吸入、排出液体，如图 12－4 所示。

电机功率 3kW、转速 1440r/min，泵组外径 117mm、长度 3.1m、质量 125kg。

在长庆油田应用 6 口井，使用时间最长 244d，最短 48d，平均 138d。主要缺点是膜的寿命短。

3. 旋转电机驱动螺杆泵

目前有两种形式，一种是高速电机通过减速器驱动螺杆泵，另一种是低速电机直接驱动螺杆泵。两种形式国内都有应用。

对于低速电机直驱螺杆泵，为了减少长度，可将泵与电机一体化，具体可分为电机在内、电机在外两种形式。这两种形式又可根据电机转子内置与外置、泵转子内置与外置，组合为多种方式。

4. 旋转电机驱动的其他往复泵

旋转电机通过丝杠丝母驱动的单柱塞泵、通过斜盘驱动的多柱塞泵、通过轴向凸轮驱动的多柱塞泵等，仅见专利，未见应用。

5. 连续管缆

过去的电潜泵的电缆都是绑在油管外壁，每起下 1 根油管，需捆绑或松开 3 次电缆，起下管柱慢，电缆容易损坏。现开发了将电缆埋入管体的非金属连续管缆，如图 12－5 所示。这种非金属连续管缆与直线电机驱动柱塞泵、与旋转电机驱动螺杆泵于 2015 年在新疆使用，与旋转电机驱动隔膜泵、与旋转电机驱

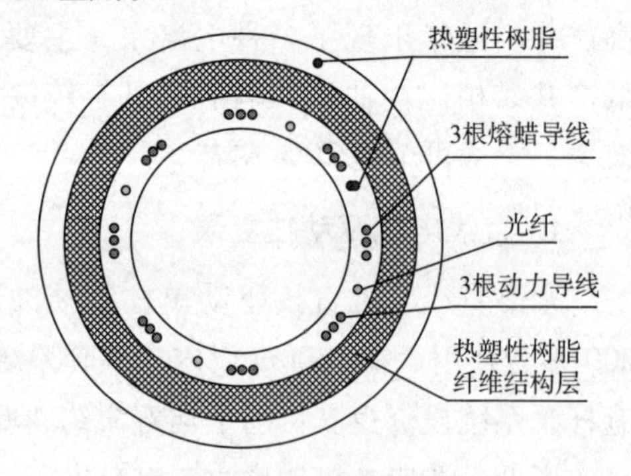

图 12－5　非金属连续管缆

动螺杆泵于 2016 年在长庆油田使用。已使用的两种连续管缆参数如表 12 – 1 所示。

表 12 – 1 连续管缆参数

参数	长庆油田	新疆油田
最大工作压力/MPa	30	25
工作温度/℃	–20 ~ 90	–30 ~ 85
通 径/mm	36	40
外 径/mm	73	80
质 量/(kg/m)	3.5	5.2
最小弯曲直径/m	2	1.8
轴向抗拉力/kN	300	300
外压溃强度/MPa		≥8

非金属连续管缆具有以下特点：

（1）起下管柱速度快，省去了常规的每下 1 根油管捆扎 3 次的麻烦；

（2）连续管缆内置动力线，解决了传统外置电缆所带来的磕碰、摩擦、卡缆、拖拽等问题；

（3）连续管缆具有绝热性好、流速高（内径小）、能加热等特点，导致井液温降小，相比邻井井口温度高，降低了回压；

（4）不结垢、不结蜡，连续管缆内衬层选用防结垢防结蜡材料，如超高分子量聚乙烯、聚烯烃及聚四氟乙烯等，由于其自润滑性和不黏附性，使得内衬管不结垢、不结蜡、流动阻力小，可长期保持压力不增；

（5）连续管缆内壁镶嵌有单模和多模数据光纤，单模光纤用于传输井下温度、压力信号，地面控制系统自动调节潜油电机频率，使地层出液量与泵采液量保持平衡，多模光纤则可检测整个连续管内轴向不同位置的内外温度、管子的受力状态等参数，可实时监测管子状态；

（6）连续管缆的强度、耐温性能低于金属油管；

（7）金属接头与管体连接处易出现问题；

（8）目前价格较高，有待规模化应用后，进一步降低价格。

国内某厂已开发金属连续管缆，在金属连续管外敷设电缆、非金属层。

四、投捞式电缆

投捞式电缆从油管内下入。电缆下端有插头，电机上有插座。插座安装在插座保护体内，整个保护体内有特种密封，保证插头与插座的紧密接触的同时起到与井液完全隔离的作用，保证电器的充分绝缘。潜油电缆为特殊的 F46 钢丝铠装，3×10mm²铜导线+1根信号线，外径27mm，耐温205℃。已下井试验。

五、其他抽油机

1. 倾斜式长环形齿条抽油机

工作原理如图12-6所示。减速机4带动小齿轮6旋转，小齿轮6驱动长环形齿条3运动，当运动到顶端和底端时，由于轨道5的导向作用使小齿轮横向运动实现换向，使齿条往复运动，从而带动悬重皮带使抽油杆实现抽油动作。

倾斜式长环形齿条抽油机外形如图12-7所示。其优点为：采用倾斜式机身，修井时只需调整倾斜角度，便可完成修井作业，不需整体平移抽油机；传动系统的传动链短，故传动效率高，比游梁式抽油机节能25%以上；平衡滑块和长环形齿条、扶正轮等不仅是完成机构运动所必需的部件，而且其本身质量也是平衡配重的主要部分；用机身作为平衡滑块的扶正轨道，简化了结构，减少了质量，方便了制造；运转平稳。齿轮与长环形齿条的啮合运动，只有在较短的换向时刻才有加速度，由于抽油杆、皮带等弹性变形，加速度引起的冲击很容易被缓和，使整个系统保持较好的运动平稳性。缺点：冲程不可调整。

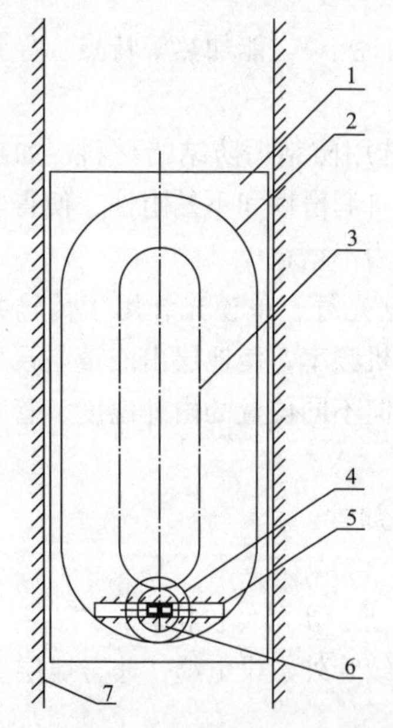

图12-6　倾斜式长环形齿条抽油机原理图

1—移动框架；2—内导轨；3—长环形齿条；4—减速机；5—水平导轨；6—小齿轮；7—固定框架

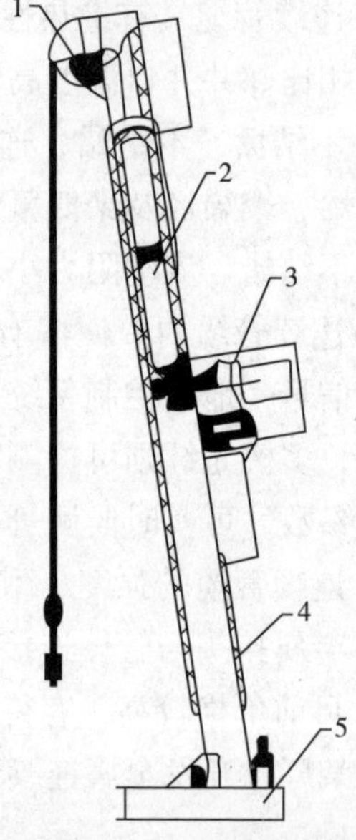

图12-7　倾斜式长环形齿条抽油机外形图

1—悬挂系统；2—平衡系统；3—传动系统；4—机身；5—机座

倾斜式长环形齿条抽油机使用数量少且时间短，技术经济性能待评价。

2. 立式抽油机

各种立式抽油机近年大量出现，结构特点是塔架上部装天车轮，驱动方式主要有直线电机直驱式、开关磁阻电机正反转式、外转子稀土永磁电机正反转式、链条往返架换向式等。与游梁机比，立式抽油机节能显著，但故障率高、维修费用高，在大机型上性价比有优势。

3. 气动平衡抽油机

20 世纪 80 年代末，气动平衡抽油机（以下简称气抽）在我国开始生产、使用，后因出现很多问题而退出使用。气抽仍有许多可取的地方，经过改进完善后，仍有可能投入使用，故列入新型机中。

气抽的优点是重量轻、调平衡简单且可不停机调、节能效果显著。

（1）气抽未获得推广的原因

①产品质量差：气抽最初配用的是活塞式气缸，润滑不良，易拉缸漏气；活塞杆太细，易变形；在寒冷地区，冬天气路易结冰；无失载保护。

②防盗差：由于气抽配备的空压机用途广泛、体积较小、又装在室外，易被盗窃。

③管理不善：采油工对空压机不熟悉，不会保养维护；责任心不强，定时放水、定时检查机油、定时清洁空气滤清器等工作不落实。

④价格高：以 1991 年长庆油田的价格为例，气抽和常规抽油机的价格分别为：CYJ6－2.5－26H 型机 7.5 万元和 6.5 万元，CYJ8－3－37H 型机 8.5 万元和 7.5 万元。相同参数下，气抽比常规抽油机贵 13%～15%。

长庆油田于 1989 年在樊家川油田安装了 50 多台气抽，由于上述原因大多数气抽被换掉了。

（2）气抽的改进情况

现已解决了失载保护、驴头让位、气缸偏磨、活塞杆弯曲、气缸密封及润滑、电磁阀等问题。后期的气抽已比较成熟。

目前丛式井很多，为了防止盗油，许多丛式井上采用人驻守或采取了电子防闯入技术，这为使用气抽创造了条件。空压机可以多井共用 1 台，还可以装在室内，既可以防盗，又可以改善吸入空气的质量。也可以专门设计、制作防盗装置防止盗窃。

加强对采油工的技术培训，使他们会维护保养气抽、压缩机。改进管理方法，调动工人积极性，主动做好维护保养工作，有利于延长气抽的寿命。

优化气缸安装位置，缩小气缸尺寸，可以降低气缸造价。另外，气抽配上自动控制系统，可实现精确的、动态的平衡，大大降低能耗，相同额定悬重、冲程、冲次的气抽可选比常规抽油机小的减速器和电机，这也可降低造价。

过去的气抽仅是根据实际悬重人为确定工作气压，低于该气压时，气泵自动补气，不能根据负荷变化自动确定工作气压。如果配上可根据负荷变化自动确定工作气压并能自动充放气的控制系统，便可实现精确的、动态的平衡，这种气抽的节能效果将高于其他各种抽油机。

六、新配置

1. 一拖多变频软启动

抽油机为了满足启动需要，配备的电机功率较大，一般是实际功率的2倍以上，造成功率因数较低、电耗较大。如果每台抽油机配1台变频软启动器，虽然可以降低电机装机功率，但投资过高。为此在丛式井井场，用1台变频软启动装置带动多台抽油机，用1台柜子分别启动多台抽油机，这台变频器是统一整流，多个逆变。这样可以降低投资、降低抽油机的装机功率、降低电网及变压器的投资及运行电耗，并可满足1口井的变频运行。6型机安装的电机，可由11kW降低为7.5kW。

2. 一拖多转子变频调速

在丛式井场，抽油机采用绕线式异步电机，在每个电机的转子电路上增加整流模块和调速模块，再通过共用的逆变器与电源相连，实现分别变速和能量回馈。此种电机防护等级低，不适应野外工作条件；还需经常更换碳刷，消耗较大，维护工作量加大；价格过高。

3. 实心皮带轮抽油机

抽油机是在不均匀工况下工作。为平衡负荷，多采用了加平衡块的方式，游梁式抽油机是在曲柄上或游梁上加平衡块。这是在低速端蓄能方式。

图12-8　实心皮带轮

根据内燃机飞轮和冲床飞轮的蓄能原理，开展了抽油机高速端蓄能方式的试验，即在减速器输入轴上蓄能。抽油机减速箱皮带轮多是空腹式，为此制作了实心皮带轮，如图12-8所示。

长庆油田共试验了15台实心皮带轮抽油机，多数井的有功功率下降、无功功率下降、功率因数下降、启动电流增加、系统效率升高，总体上具有节能效果。当抽油机平衡较好时，实心轮耗电多。测试数量较少，还需进一步测试评价。增加启动电流，可采取变频软启动方式克服；电机功率因数降低，可采取增大补偿的方式解决。

4. 开关磁阻电机

开关磁阻电机具有空载电流小、自身效率高；启动电流小、扭矩大，适合抽油机带载启动；高效区间宽；不同转速、负载率情况下，开关磁阻电机均具有更高的运行效率；适合抽油机电机负载率较低的实际情况。在立式机、游梁机上均有许多应用。缺点是必须控制柜与电机同时使用，控制柜一旦损坏，电机无法运转。控制柜里都是电子元件，在野外环境下的寿命短。

第三节　抽油机的评价

准确评价抽油机是抽油机选型的基础。新抽油机大多以追求节能为目标，具有耗能低的特点，但哪种抽油机更好，一直缺乏评价指标，给抽油机的选型、评价、推广带来极大不便，有必要研究抽油机的评价问题。

一、现场评价

抽油机节能效果的评价，主要有两种方法。

1. 效率对比

测瞬时电功率，同时计量产液质量和井口油套压，根据相关行业标准求出系统效率和综合节电率。它主要反映的是瞬时情况。

2. 能耗对比

挂电度表测量电耗，同时计量产液质量，求出电耗/吨液。它主要反映的是累计情况。

不论何种对比，宜在同一口井上进行两种抽油机的对比测试，这样可消除井身结构、井下管柱、井下泵等对测试的影响。

如果没有在同一口井（如新井）进行对比测试的条件，则选取的对比井的井下条件（如动液面、泵径、井斜、产量、杆柱组合等）应尽量与待评价井相同。测试时，两台抽油机的冲程、冲次应相同，并都调整到平衡状态，保证足够的测试时间，以消除停抽带来的影响。对比的指标应是（kW·h)/(t·m)，即每米吨液的电耗，要反映出井深和产量对电耗的影响。如果对比井的冲程、冲次不合理，则应调整到合理的状态，这样测试出来的数据更加合理、准确。

3. 可靠性评价

统计某厂生产的、某型抽油机的年故障次数、故障类型、年维修费用，计算故障率、维修费用率、台均年维修费用，可对该机型做出可靠性评价。

抽油机的评价，可靠性优于节能性。只有在可靠、耐用基础上的节能机型，才是可选用的机型。

二、选型评价

在此将驴头最大负荷（t）、最大冲程（m）、最大冲次（次/min）三者的乘积命名为抽油机性能。其意义相当于抽油机的输出功率。用驴头最大负荷（t）、最大冲程（m）、最大冲次（次/min）三者的乘积作为抽油机的性能指标，是针对这三者可同时达到最大的抽油机而言。对三者不能同时达到最大的抽油机，应按达到电机最大功率时的三参数之积计算。如 CYJ10－3－37，虽然最大冲次为 5 次/min，最大冲程为 3m，驴头最大负荷为 10t，但在使用中三者不能同时达到最大，当驴头负荷和冲程达到最大值时，冲次只能放在最小挡，为 2.5 次/min，其性能则为 $10\times3\times2.5$，不是 $10\times3\times5$。

1. 抽油机性能价格比

性能除以单价作指标，相当于单位价格的功率，用于评价抽油机的经济性。性能价格比越高，抽油机的购置成本越低。

2. 抽油机性能质量比

以抽油机性能除以整机质量作指标，它反映了抽油机的轻巧性和制造成本。

3. 抽油机性能扭矩比

以抽油机性能除以减速箱额定扭矩，它间接反映了抽油机的效率水平。性能扭矩比越高，抽油机的效率越高。减速箱额定扭矩小，则配备的电机小，抽油机的能耗低，但减速箱额定扭矩不是可以随意减小的，它应大于净扭矩的峰值，满足规定的安全系数。

4. 抽油机性能功率比

以抽油机性能除以电机额定功率，它反映了抽油机的效率水平。性能功率比越高，抽油机的效率越高。

额定驴头负荷相同的抽油机，性能价格比、性能质量比、性能扭矩比、性能功率比较大的，是较好的机型。

上述结论是在抽油机的选型、减速器选型、电机选型都是合理的、满足最大工况使用的条件下得出的。脱离此条件，盲目选小型材、减速器、电机是不可取的。

三、出厂评价

建议在行业标准中增加抽油机厂内效率测试项目。统一规定抽油机测试的工况、测试方法、计算方法，对生产的新型抽油机都应进行效率测试，并在铭牌、说明书、样本中公布，方便用户选用。作为厂内效率测试，不一定要完全符合实际工况，振动负荷、惯性负荷可不予考虑，只要具备主要负荷，且都在相同工况下即可，如离心油泵的铭牌泵效都是以水做介质测试。

抽油机制造厂、科研机构或大油田应建立抽油机评价专用井及装置。各种抽油机效率值的确认，应由行业主管部门授权的权威机构进行。大庆油田已建立了抽油机及配套装置的评价标准井及测试办法，并已通过有关评审。抽油机厂家或用户可以将需评价的抽油机及配套装置送到大庆，委托该单位进行测试评价。

第四节 选型方向

一、总体要求

（1）结构简单，故障少：抽油机长期野外工作，无人值守，结构应尽量简单，质量却应特别过硬。

（2）安全可靠，隐患少：应有防失载、防过载、防人身伤害、防雷击等措施。

（3）调整方便，费用少：在调整平衡、冲程、冲次时，在修井让井口时或对防冲距时，能少用人、少用配套设备，轻松、快速地完成工作。易损件寿命长。

（4）节能高效，能耗少：抽油机是油田数量最多的设备，总体能耗最多的设备，节能意义很大。

（5）造价不高，投资少：有较高的性价比和回报率。

二、形式选择

针对不同的油井，选用不同形式的抽油方式。深井、高产井等负荷大的井用立式抽油机，如 10 型以上抽油机；浅井、低产井等负荷小的井用游梁式抽油机；稠油井、含砂井、含蜡井、含气多的直井等可用地面驱动采油螺杆泵。地面驱动采油螺杆泵在斜井中使用效果不好。特高产井、偏磨严重井可采用无杆泵类采油设备（井下无杆往复泵不适合高产井）。

三、电机及控制系统选择

在新抽油机上慎用高转差电机、稀土永磁电机、电磁调速电机及各种节电箱。一是因这些电机、节电箱较贵，并且维修费用高；二是新抽油机（如双驴头抽油机、变径调矩抽油机、摆杆抽油机、皮带抽油机等）都是新型结构，主要依靠机械结构的优化实现节能。

根据大庆油田在标准井上的对比测试结果，各种节能控制箱、节能电机在轻载时有节能效果，在重载时不节能；叠加使用抽油机节能产品总体效果上不是单个节能产品效果的叠加。

四、冲次选择

冲次选择应与井的日产液量相匹配。在满足排液要求的条件下，优先长冲程，尽量小泵径、低冲次。冲次应满足泵效达到45%以上。

在采用间歇开井时，不需要考虑冲次调节。在低产液的井，应大力推广间歇开井，这是节能最显著的方式，长庆油田已有1/5的井实现间歇开井。

五、平衡方式选择

在曲柄平衡、复合平衡、游梁平衡三种方式中，在冲次不高的情况下，仅考虑平衡效果，游梁平衡优于复合平衡，复合平衡优于曲柄平衡。

弯梁式抽油机的应用，使得游梁平衡抽油机调节平衡更加容易，人可站在地面上通过增减小平衡块实现准确平衡。这种抽油机，相比曲柄平衡抽油机，平衡效果好，可提高系统效率；调节平衡方便；由于减去了庞大的曲柄和曲柄平衡块，使整机质量下降，制造成本降低。相同参数的8型机，游梁平衡机比曲柄平衡机轻2t，价格下降1万多元。因此，在冲次不很高的情况下，如6次/min以下，对弯游梁抽油机应全面推行游梁平衡，不用其他平衡方式。从2009年开始，长庆油田新装抽油机全部为游梁平衡式。

采用双驴头结构，在尾驴头上悬挂平衡重，也是一种有效的游梁平衡方式。

六、同机型基础和易损件互换

遵循有关标准的要求，达到同型机基础、易损件可以互换。

七、无基础抽油机

过去用的抽油机基本上都是以钢筋水泥块做基础，制作、运输、安装比较麻烦，换抽油机时须先找到相配的基础。长庆油田从2007年开始试验无水泥基础的抽油机，先后试验了底座四周都加大的宽底座式、在前后两端加宽的工字形底座和只在前两端加宽的T形底座。现大量推广T形底座无基础抽油机，已安装无基础抽油机近3万台。综合考虑抽油机金属底座加长加宽的加价因素和不用水泥基础减价因素，8型机每台T形底座抽油机可节省费用5000元左右。

八、抽油机集中润滑方式

游梁抽油机有4个注脂口。注脂时需停机、爬高作业，工作量较大、较危险。根据过去在重型汽车上集中润滑的经验，从2002年开始，在部分抽油机上安装集中润滑装置。其方式为：注脂口设在支架下端，通过分配器或直接通过4条管线至4个轴承部位，人工定时注脂。这种润滑方式有3个优点：可不停机润滑，不影响生产；可不爬高作业，比较安全；在轴承旋转时注脂，可使废脂均匀挤出，静态注脂时油脂易走捷路。

设计时须注意扩大注脂口、弯头等处的通径，以减少阻力；安装时油嘴、管线不能与运动部件发生干涉，管线在活动部位应有足够的余量；注脂工作只在夏天进行；配备电动注脂泵。

此项工作虽有许多好处，但若管理不细，难以发挥作用。

九、连续管缆与潜油电泵的配合应用

连续管缆配直线电机驱动柱塞泵、配低速旋转电机驱动螺杆泵、配高速电机驱动螺杆泵、配高速电机驱动隔膜泵等，国内都已下井试验，节能效果达到20%以上，可靠性待考验。

这是采油方式的革命性变化，应大力推动该方面的试验。

十、抽油机自动控制

近年在抽油机自动控制方面，一些油田做了尝试。主要功能有：自动调平衡、自动调冲次、功图电参实时采集远传、远程启停。其中前两项投资较大，约增加抽油机成本15%。据调查，这两项功能的使用率只有10%左右。由于产品质量、安装质量、管理制度、管理水平等多种原因，使用效果不好。对于单井产量低、油井数量多的油田，在抽油机上推广这两项功能，难以管理。这两项功能使单井投资大大增加。功图电参实时采集远传、远程启停等功能因投资很少，且有必要性，可以推广。

十一、抽油机整体性能

抽油机由于数量多、野外连续工作，可靠性是第一位的。在抽油机选型上不宜增加过多投资，盲目追求节能、安全、自动化。

十二、统一抽油机图纸

尽管一个油田有多个抽油机供应商，但为了今后的维修方便，不仅要有统一技术要求，还应统一抽油机图纸，各供应商都按统一的图纸制造。长庆油田公司自2012年开始，实现了统一抽油机图纸。

第五节　管理要求

（1）检查抽油机的八个方面：

①基础水平：纵向小于1mm/m、横向小于0.3mm/m，井口端高于尾端；

②驴头、悬绳器、盘根盒三点一线对中度：小于5mm；

③运转平衡度：上冲程最大电流与下冲程最大电流之比为85%～110%，按功率法，功率平衡度应大于0.6；

④配件紧固：所有连接件全部坚固，皮带、盘根的松紧合适；

⑤润滑合格：润滑油（脂）牌号正确、质量合格、注量合适、按时加注；

⑥参数合理：冲程、冲次、泵径要合理，泵效大于45%，参数不合理，易造成大量的能源浪费，因此参数调整合理，是管理工作的一项重要目标；

⑦皮带轮四点一线：以大皮带轮端面为基准拉线，小皮带轮端面与线的距离不大于1mm；

⑧盘根、皮带的松紧度：盘根以不发热为宜，以90N力垂直下压皮带中点，使中心距每100mm产生1.6mm挠度为宜。

（2）各种抽油机节电产品测试前，都首先应将抽油机调整到合理的工作状态。如某抽油机本身处于抽汲参数过大，供液不足，间歇出油状态，此时用上价值3万~4万元的智能间开器，使抽油机做到了有油时抽汲，无油时停抽，节约了抽油机空抽消耗的能源、减少了深井泵的磨损，产生了效益，但由于投入太高，对低产井来说，投入产出比太低。如果将抽汲参数调小，如换小泵、降低冲次、减小冲程等，不仅可以解决供液不足、间歇出油的问题，且投入产出比较高。

（3）开展抽油机合理运行活动，使抽油机工作在合理的冲程、合理的冲次、合理的平衡、合理的电机挡位下。应当至少每个月检查、校核一次抽油机的冲次、冲程、泵径、平衡、电机挡位等参数，及时消除不合理的工作状态。

（4）及时调换负荷过轻的抽油机的电机，避免大马拉小车。

（5）减速器投产后3个月，应进行一次润滑剂过滤；之后每使用2年，对润滑剂进行过滤、检测；按质换油。根据长庆油田的研究，减速器在使用J320润滑剂时，使用到第3年时各项指标基本正常，可3年不用更换。在采用3号锂基脂时，可1年注脂一次。

（6）推广功率法调平衡

采用上下功率替代上下电流作为抽油机平衡判别的标准，其操作方法符合Q/SY 1233—2009《游梁式抽油机平衡及操作规范》的要求。

（7）无基础抽油机的地基承载能力应大于0.6MPa，压实系数应达到0.93～0.95。

（8）根据GB/T 33653—2017《油田生产系统能耗测试和计算方法》评价抽油机系统效率。由于非金属连续管缆保温性能高于金属管，井液到达井口的温度高于后者，此标准的计算方法中未考虑这部分热量（能量），按此标准计算出的系统效率偏低。

第十三章　输油泵管理和注水泵管理

第一节　主要输油泵的形式和特点

一、离心泵

按泵壳的剖分形式可分为中开式离心泵、节段式离心泵。

1. 中开式离心泵

如图 13－1 所示，泵壳沿轴线水平剖分，解体后，转子可整体从泵壳中取出。由于加工复杂，价格高，是同参数节段式泵的 2 倍以上；泵壳结合面上有 40～70 多条螺栓，拆装不易，维修难度大；叶轮背靠背对称布置，轴向力小；蜗壳流道，泵效比节段式略高；由于进出口法兰在泵体的下半部，解体泵时，不需拆进出口法兰螺丝。

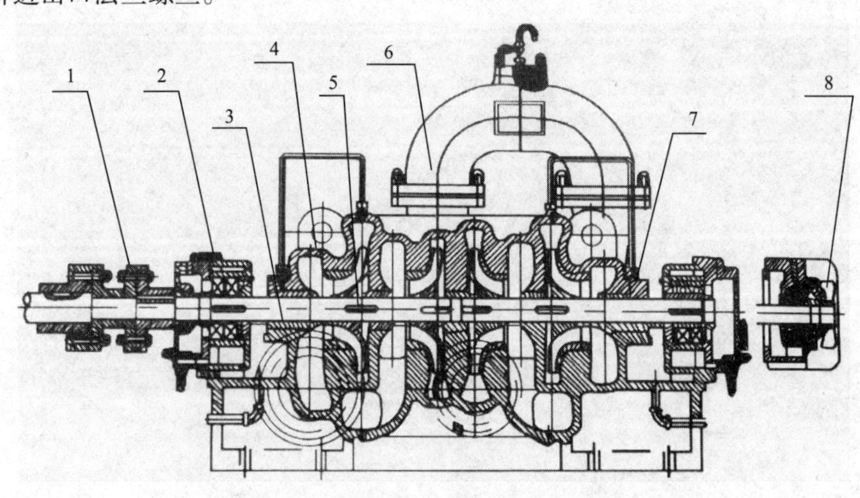

图 13－1　中开式泵

1—联轴器；2—轴承体；3—泵座；4—承盖；5—转子；6—连接管；7—机械密封；8—风冷部分

2. 节段式离心泵

泵壳沿轴线垂直剖分为多段。加工简单，价格低；维修相对容易；泵效略低。

按叶轮排列形式分为叶轮背靠背对称布置和叶轮同向布置两种。

叶轮背靠背对称布置如图 13－2 所示，轴向力自己平衡。

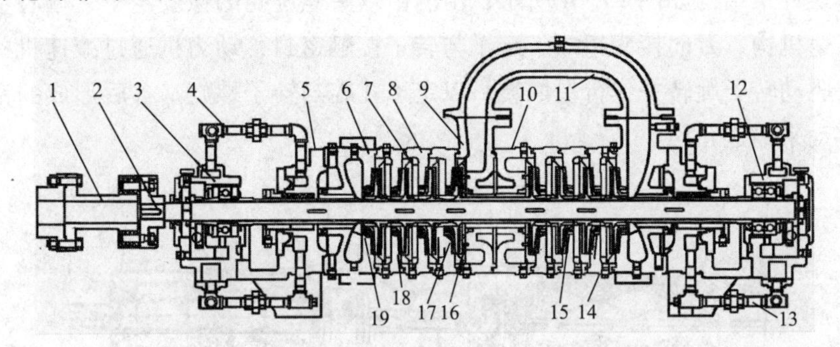

图 13－2　叶轮背靠背安装的节段式离心泵

1—加长联轴器部件；2—转子部件；3—轴承部件甲；4—轴承冷却出液管；5—泵支座；6—吸入段；7—导叶；8—中段；9—中间吐出段；10—末级吐出段；11—过渡管；12—轴承部件乙；13—轴承冷却进液管；14—壳体密封环；15—导叶套；16—末级导叶；17—末级叶轮；18—叶轮；19—叶轮密封环

叶轮同向布置如图 13－3 所示，轴向力指向一侧，需轴向力平衡机构。筒袋式泵是其中的 1 种，泵体装在筒中，修理时，不需拆进、出口法兰螺丝，只需从筒中取出泵体即可解体各级叶轮。

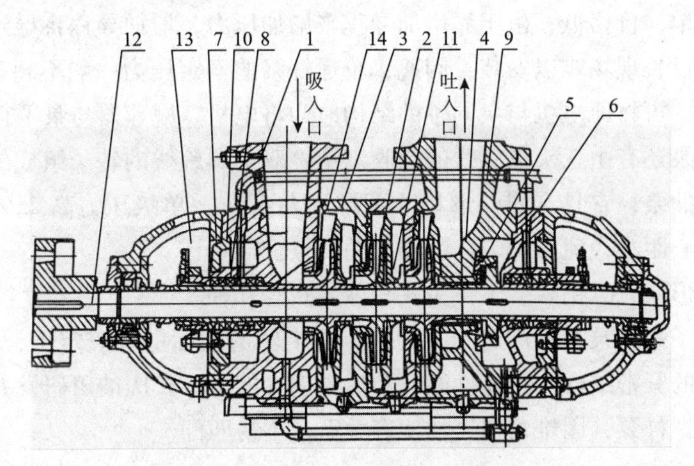

图 13－3　叶轮同向安装的节段式离心泵

1—吸入段；2—导叶；3—中段；4—吐出段；5—平衡套；6—尾盖；7—冷却室盖；8—填料或机械密封；9—填料压盖或机械密封压盖；10—O 形密封圈；11—导叶套；12—转子部件；13—平衡板；14—密封环

二、螺杆泵

螺杆泵按螺杆数量分为单螺杆泵、双螺杆油气混输泵、三螺杆泵。

1. 单螺杆泵

单螺杆泵结构如图 13 -4 所示，由内由双头螺旋孔的橡胶定子、偏心金属转子、减速机构、万向接头组成，定子与转子接触密封，动力机通过减速机构、万向接头驱动转子旋转并作行星回转，以定子孔腔与转子螺旋啮合后形成的密封腔室的移动来输送介质。

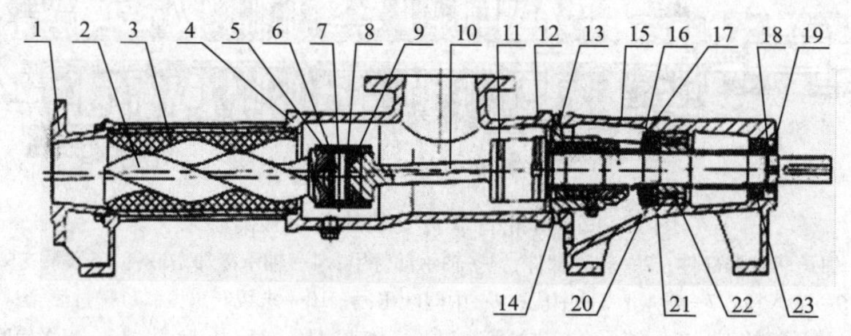

图 13 -4 单螺杆泵

1—端盖座；2—转子；3—定子；4—进料口壳体；5—保护套；6—销轴；7—定位套；8—端套；9—销套；10—连杆；11—锁紧带；12—扣紧套；13—O 形圈；14—石棉垫圈；15—传动轴；16—传动箱壳体；17—密封盖；18—止动垫圈；19—圆螺母；20—油封；21—密封圈；22、23—轴承

由于是接触密封，泵转速低，一般不超过 400r/min，变速范围小，携气量小；结构简单，价格低；由于靠增加导程来增加压力，增加导程将导致泵的长度增加，长度过长现场难以安装，因此，单螺杆泵的额定压力一般不超过 2. 4MPa。为减少长度，可将原电机与泵同轴的结构改为将电机、减速器与泵平行的结构。

单螺杆泵还有由三头螺旋线的橡胶定子、双头螺旋线的转子组成的形式，相比双头定子的泵，它具有同外形尺寸下排量大 40%，单级压力高 25%，相同参数下转子偏心距小，流量均匀，脉动小的优点。

万向节形式有二销式、十字头式、球笼式等几种。

可调定子螺杆泵是利用定子上的卡箍来卡紧磨损后的橡胶定子，使其收缩，保持与转子的紧密结合，恢复性能。为提高携气能力，长庆油田研发并试验过变径螺杆的单螺杆泵，因锥角与气油比有关系，不易匹配。

2. 双螺杆油气混输泵

双螺杆油气混输泵结构如图 13 -5 所示，由 1 根主动螺杆、1 根从动螺杆和包容 2 根螺杆的泵体组成，均为金属材料。用同步齿轮传动结构传递主动螺杆到从动螺杆的扭矩。虽然主动螺杆与从动螺杆相互啮合，但并无金属接触，无动力传递。主动螺杆、从动螺杆与泵体内表面之间形成数级动密封腔室，随着螺杆的回转，这些动密封腔室不断将液体从泵的进口轴向推移到出口。

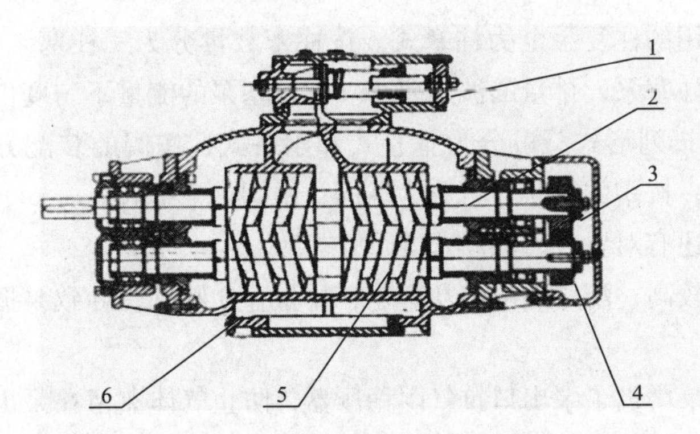

图 13-5 双螺杆油气混输泵

1—安全阀；2—主动螺杆；3—主动齿轮；4—从动齿轮；5—从动螺杆；6—泵体

通过测取吸入端的压力，控制变频器的频率，进而控制泵的转速和排量，适应含气时排量的波动，实现油气混输。由于采用非接触密封，泵转速高，可达近1500r/min。变速范围大，携气量大，介质含气量可达96%以上。价格高。

3. 三螺杆泵

三螺杆泵结构如图 13-6 所示，由 1 根主动螺杆、2 根从动螺杆和包容 3 根螺杆的泵体组成，均为金属材料。主动螺杆与从动螺杆相互啮合，并与泵体内表面配合，在泵的进出口之间形成数级动密封腔室，这些动密封腔室不断将液体从泵的进口轴向推移到出口。

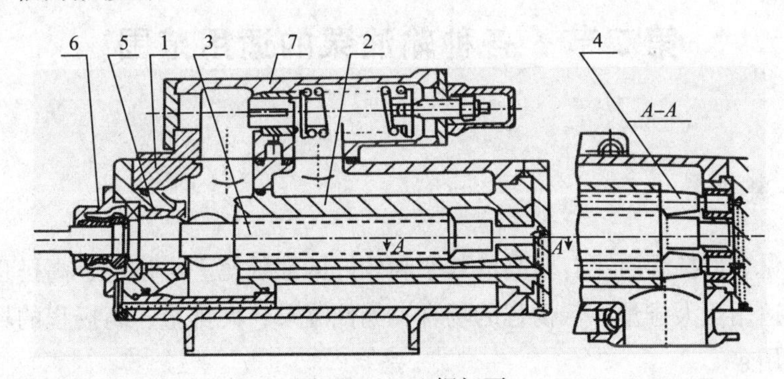

图 13-6 三螺杆泵

1—泵体；2—泵套；3—主动螺杆；4—从动螺杆；5—卸压套；6—机械密封；7—安全阀

液体无脉动，工作平稳，振动、噪声小；自吸能力强，不需底阀；从动螺杆由液体压力驱动，主、从螺杆没有机械接触，机械摩擦小，效率高，寿命长；零件少，结构简单。辽河油田、新疆油田用于输稠油。

三、往复泵

目前，输油用的往复泵全为柱塞式。按柱塞数量分为三柱塞泵、五柱塞泵。五柱塞泵相比三柱塞泵，排量的波动要小。五柱塞泵的流量不匀度仅是三柱塞泵的35%。按阀的排列形式，可分为垂直式和水平式；按阀的装配方式，可分为组合式和分体式；按阀的形状，可分为球阀、锥阀、平板阀。

现场应用的还有对置式、隔膜式等形式。

柱塞泵效率较高，配用的电机功率小；排量存在脉动，导致泵振动大；自吸能力较差。

往复式混输泵增设了泵出口抗气阻稳压器，防止气体滞留在泵出口，形成气阻，导致泵失效，降低流量与压力脉动，确保产品的混输功能；进口旋流过滤器，防止杂质进入泵内，导致单向阀失效，吸收进口流量与压力脉动，降低振动与噪声；喷射回流系统，防止纯气工况时，往复密封干磨失效，有效地防止活塞和活塞缸套之间的干磨，并吸收气体压缩过程中产生的大量热量，防止因干磨和气体大量散热导致的过热使填料密封损坏，提高密封寿命与可靠性；液隔离往复密封系统，用液态介质置换气体介质，改善密封条件，防止往复密封副气体外泄；阀具有液体与气体单向阀的双重功能，双流道设计、过流面积大、阻力小。该泵具备泵与压缩机双重特性，排出压力高（4.0MPa）、压缩比大（6~10）、效率高（70%~85%）。长庆油田已用8台。

第二节　各种输油泵的适用范围

一、离心泵

大排量、低扬程时，有较高的效率和较好的性价比。小排量、高扬程时，效率较低。适用于大排量、低扬程的场合，如倒罐泵；大排量、高扬程的场合，如长输管道用泵。

二、螺杆泵

效率比离心泵高，比往复泵低。具有油气混输能力。双螺杆泵由于两个转子之间不接触，转速可以较高，调速范围大，适应气油比小于100的场合。单螺杆泵由于定子、转子之间紧密接触，转速不能太高，否则易烧损定子，适应气油比小于 50 的场合。

三、往复泵

效率高，一般在 85% 以上；价格高。适应于排量不很大、压力高的场合。排量越大，体积越大，价格更高，不适应于排量太大的场合。往复式混输泵可用于气油比高于 100 的场合。

第三节　输油泵选型技术要求

（1）各种参数下输油泵的合理选型范围：

长庆油田已应用的各型泵的适用范围，如图 13－7 所示。

① 压力≥4MPa、排量≤150m^3/h：用柱塞泵。

② 压力＜2.4MPa、排量≤45m^3/h：用单螺杆泵。

③ 2.4MPa≤压力＜4MPa、排量≤150m^3/h：用节段式离心泵。

④ 150m^3/h≤排量≤200m^3/h：用节段式离心泵。

⑤ 排量≥200m^3/h：用中开式离心泵。

⑥ 压力＜2.4MPa、45m^3/h≤排量≤150m^3/h：用节段式离心泵。

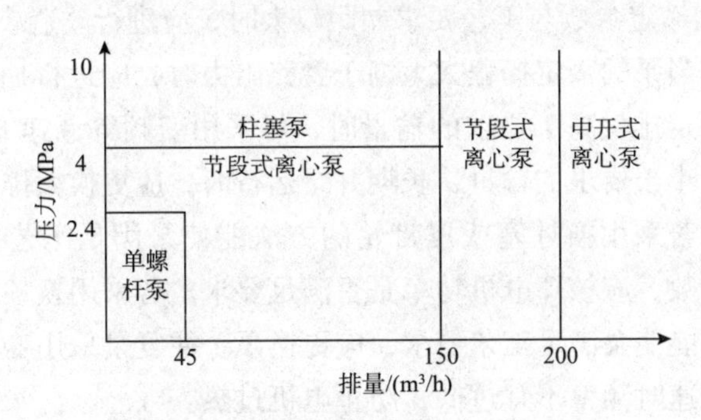

图 13－7　长庆油田各型泵的适用范围

（2）往复泵不用喂油泵。详见第七节。

（3）各种泵的进出口管线位置均应采用平进平出形式。因为油田的管线都是埋在地下，泵的进出口管线最终都要与埋地管线相连，泵采用平进平出式，可以减少弯头，由此带来降低施工费用、降低运行阻力等多项好处。

（4）由于建油泵房须考虑防爆问题，根据设计规范，墙体上须布钢筋，须有通风机，须用轻型屋面，造价较高，因此，应采取泵体保温、电伴热等措施，露天安装。长庆油田近年大量推广橇装输油设备，其上的输油泵均为露天安装。

（5）在伴生气较大时，应选带调速装置的往复式混输泵、双螺杆混输泵，并连接根据入口压力自动调节转速的控制回路。

（6）采用空冷式，不采用水冷式。水冷式具有耗水、增加污水处理量等缺点。

（7）一般情况下，接转站用螺杆泵或往复泵，联合站用往复泵，长输管线用离心泵。

（8）功率较大的泵应具有排出压力过高、吸入压力过低、曲轴箱油位过低时自动停机保护功能。电机要有过载、缺相、过流、失压等保护装置。

第四节　输油泵管理要求

（1）离心泵要避免长期并泵运行。因为并泵运行时，总排量远远低于几台泵额定排量之和，而耗电量却大大增加。

（2）在有变频器的情况下，离心泵不应在泵出口节流。

（3）往复泵：采用换柱塞或皮带轮，变频调速的方法调节排量，不应用打回流的办法；合理调整气包压力，确保稳压效果；经常检查曲轴箱内机油的油量、油质；经常检查安全阀泄漏量，及时检修安全阀。

（4）当泵的排量比正常值下降30%时，应立即检修。

（5）当泵的额定参数与工艺要求差距较大时，应进行改造或更换。

对离心泵，当泵的额定扬程大大高于管路阻力时，应进行抽级、叶轮切削等改造；当泵的额定排量高于要求的输量时，可采用变频等调速方法，降低转速；当泵的额定排量小于要求的输量，长期并泵运行时，应更换大排量的泵。

对往复泵，若采用换柱塞或皮带轮的方法能使泵满足工艺要求，应首选此法。如果增大参数，应核算电机功率是否满足要求。若采用换柱塞或皮带轮，变频调速的方法不能使泵满足工艺要求，应更换泵。往复泵采用变频调速时，若不是变频电机，降速时频率不宜过低，防止电机过热。

（6）离心泵应满足以上要求：

①输送常温清水时吸入管的液体流速一般为2m/s，排出管的液体流速一般为3m/s，输送常温原油时吸入管的液体流速不大于1m/s，排出管的液体流速一般为1～2m/s；

②常用运行工况下的运行效率不应低于泵效率曲线上此工况点效率的80%；

③电机与泵的同心度：当采用弹性柱销联轴器时，安装要求如表13－1所示；

表 13－1 弹性柱销联轴器的安装要求

靠背轮外径/mm	轴向/mm	径向/mm	角向
90	±0.5	0.15	≤0°30′
120～160	±1		
195～220	±1.5		
280～410	±2	0.2	
480～630	±2.5	0.25	
710～800	±3		

注：径向偏差在靠背轮外圆中间测量。

④油田输油泵用 I 类材质（铸铁）可以满足要求。

第五节 长庆油田往复泵输油情况介绍

长庆油田公司 2017 年共有各类输油泵 4785 台，其中往复泵 507 台，均为柱塞式，单机功率最大达 315kW，主要用在增压点、接转站。常用的几种主要型号往复泵的参数如表 13－2 所示。

表 13－2 长庆油田主要往复输油泵参数

型 号	5DY－150/6.3	5DY－86.8/6.3	3DY－54/6.3	3DY－8.24/5
形式	卧式 5 缸柱塞泵		卧式 3 缸柱塞泵	
冲程/mm	175	175	175	50
冲次/(次/min)	280	260	271	467
缸径/mm	115	90	90	50
额定排量/(m^3/h)	150	86.8	54	8.24
额定压力/MPa	6.3	6.3	6.3	5
电机功率/kW	315	185	132	15
外形尺寸/mm	3500×1900×1800	3400×1800×1800	3250×1310×1640	1675×660×860
质量/kg	8200	6800	5500	960
2004 年价格/万元	34	24	14	6.5
投用时间	2002.9	1996	1994.6	1992

长庆油田使用的柱塞输油泵，最长的已达 10 多年。实际使用表明，柱塞泵输油时，柱塞的寿命可达 7000 多 h，阀及阀座寿命可达 2000 多 h，弹簧寿命可

达1000h。只要保证动力端的润滑油质量和数量，动力端故障率很低。

2006年中国石油在苏丹输油管线上使用了宝鸡石油机械厂的7台泥浆泵输油，创造了往复泵输油的最高纪录。详情如表13－3所示。

表13－3　苏丹管线使用的泥浆泵情况

泵型号	F1300	F800
额定功率/hp	1300	800
入口压力/MPa	0.2	0.2
出口压力/MPa	9.7	9.7
额定排量/(m^3/d)	3180～3816	3160
使用数量	2个站各用2台	3个站各用1台

一、往复泵输油的适合范围

往复泵虽有上述优点，但大排量往复泵与同参数的节段式多级离心泵相比，体积大、价格高。往复泵用于压力较高、排量较低的场合，比较经济。长庆油田使用的往复泵，额定排量为8～150m^3/h，额定压力为4～10MPa。

二、往复泵“泵到泵”输油的可行性

“泵到泵”输油方式可利用上站来油的剩余压力，改善本站输油泵的吸入性能，节约能源，同时有利于密闭输油。

采用“泵到泵”输油方式，除了在管线上安装超压快速泄放阀外，还应在泵的进口安装吸入压力过低报警，以防泵抽空；在泵的出口安装压力过高停泵和安全阀等保护装置，以防泵及管线超压。采用往复泵时，还应使各站泵的额定排量相等。采取以上措施后，往复泵也可“泵到泵”输油。长庆油田的油红管线全长60km，共有4个泵站（含首末站），全线均为往复泵，但由于各站泵的额定排量不相等、泵的进出口未装保护装置，致使全线未能实现“泵到泵”输油方式。

三、往复泵输油的优越性

1. 与离心泵的效益对比

与多级离心泵相比，柱塞泵的泵效高、维修简单、运行效益好。文献［13］给出了离心泵和柱塞泵参数及效益分析，下面再以两种型号的离心泵和柱塞泵为例进行参数对比及效益分析，参数对比如表13－4所示。

表 13-4 往复泵与离心泵的参数对比

参 数	YD150-50×12 离心泵	5DY-150/6.3 柱塞泵
额定排量/(m^3/h)	150	150
额定压力/MPa	600m	6.3
额定效率/kW	74	
轴功率/kW	331.5	
电机功率/kW	400	315
外形尺寸/mm	4648×830×1050	3500×1900×1800

以离心泵额定状态的轴功率和柱塞泵的电机功率进行比较。电费单价 0.62 元/(kW·h)，运行 1 年，柱塞泵可节约电费：

$$(331.5-315)\times 24\times 365\times 0.62=89615\text{ 元}$$

往复泵比同参数节段式离心泵价格高（价格差小于 10 万元），远低于中开式离心泵泵组价格，长期运行（运行周期 >1 年）时，采用往复泵效益更好。

当输量增大，需换大泵时，换往复泵较为经济。因为相同输量下的往复泵配备的电机功率小，可节省换配电系统的费用。

2. 与离心泵的能力对比

如图 13-8 所示，1 是离心泵的特性曲线，2 是往复（柱塞式）泵的特性曲线，3 是结垢的管路特性曲线，4 是未结垢的管路特性曲线。A、B 分别是离心泵在未结垢和结垢的管路上的工作点，A、C 分别是柱塞泵在未结垢和结垢的管路上的工作点。由图可见，$Q_C>Q_B$。

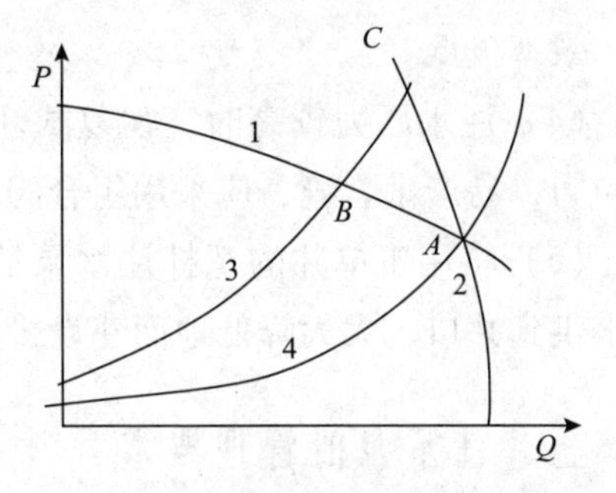

图 13-8 离心泵与柱塞泵在管线结垢前后的工况点

由于往复泵有比离心泵较硬的输出特性，即输出排量随输出压力的变化小，当管线由于结垢、结蜡等原因造成阻力增大时，往复泵能比离心泵输出更多的液量，可保证将每日应输的液量及时输走，避免憋罐、关井。而离心泵输出液量大大减少，生产调度的范围小。

第六节 注水泵管理

一、注水泵的分类

主要有离心泵和往复泵两类。注水泵按入口压力高低可分为增压泵和普通泵；按介质分可分为注清水泵、注污水泵、注 CO_2泵和注聚合物泵等。

二、选型要求

（1）小排量的注水泵应选往复泵，大排量的注水泵应选离心泵。如有参数满足需要、性价比高的往复泵，应优先采用往复泵；否则用离心泵。目前，国内使用的较大的往复注水泵参数如表 13－5 所示。

表 13－5　国内使用的较大的往复注水泵参数

使用单位	形式	投产时间	使用数量/台	额定出口压力/MPa	额定流量/（m^3/h）	电机功率/kW
中原油田	5 缸	2017	2	18	200	1250
胜利油田	9 缸对置	2015	6	16	270	1400

（2）注聚合物时，应选冲次低于 100r/min 的往复泵。

（3）个别井压力高时，不应为个别井而提高整个系统压力，应给这些井配高进高出的往复增压泵。单井增压不宜选多级离心泵，这种泵在高压、小排量时，效率极低。

（4）注水压力较高时，往复式注水泵配分体阀，泵头上的相贯线处承受交变应力，易产生裂缝，应采用组合阀，将交变应力转移到阀体上。

（5）将用于单井的螺杆注水泵插入油管中，采用无泄漏密封结构，可用低压水供到井口，大大降低地面建设投资。该注水方式已在现场试验。

三、注水泵的管理要求

（1）不仅要考虑注水泵的运行状况，还要考虑注水系统效率。当管线压力损失较大时，应考虑管线清垢或在末端安装增压泵。

（2）有条件时，可将几个注水站联网，在其中 1 个站上用变频器调节 1 台泵的排量，其他泵满负荷工作。

（3）注水泵由于压力较高，应确保安全装置（如超压报警、停泵、卸压等）的可靠性。

（4）在注污水时，柱塞寿命较短，应探索修复利用的方法。

（5）注意泵能力与工艺要求的匹配，消除离心泵出口节流、往复泵出口回流。

（6）配有变频器时，往复泵应完全关闭回流阀门，离心泵应完全打开出口阀门。应采用闭环自动控制，不允许人工调节频率。

其他要求与输油泵的管理要求相同。

第七节 往复泵使用的几个问题

一、吸入方式

往复泵在吸入管线足够粗，离罐近，过滤器的过滤面积足够的情况下，可以不加喂液泵，以简化操作，减少投资，实现节能。2003 年，长庆油田某市集中处理站的 118m^3/h 的 5 柱塞输油泵与该站罐在同一水平面，在没装喂油泵的情况下，可保证油罐 3m 液位。据 2009 年的调查，当时长庆油田所用的 86 台柱塞输油泵分布在 65 个站上，其中只有 9 个站用了喂油泵。

随着大罐液位的减少，既泵的吸入压力的减少，不管是离心泵，还是往复泵，泵的排量都逐步减少。但只要泵的排量能满足要求，泵运行正常，无需保持过高的进口压力。在油罐液位抽到 3m 时倒罐，便能保证输油泵的运行正常。

二、消除振动的措施

（1）调节气体蓄能器的充气压力。往复泵采用气体蓄能器作稳压器，气体蓄能器出厂的充气压力一般为额定压力，远高于泵的额定压力，而泵的实际工作压力一般低于其额定压力。因此应根据实际工作压力调整气体蓄能器的充气压力，确保其稳压作用，气体蓄能器的充气压力应为泵的实际工作压力的 1/2 左右。

（2）选用容积合适的气体蓄能器。蓄能器的容积应随泵的排量增大而增大，蓄能器的容积过小，起不到缓冲、减振的作用。蓄能器的总容积应是泵每冲次排量的 3 倍以上（5 缸泵）或 5 倍以上（3 缸泵）。

（3）适当的进泵压力。大罐至泵管线的粗细、长短、弯头数量，以及过滤器的过滤面积是否足够，大罐液位高低都对泵的振动产生影响，要保证泵的进口法兰处有足够的进泵压力。进泵压力应大于进液弹簧的压力与进液阀自重造成的压力之和。

（4）适当的进泵油温。进泵油温过低，黏度大，流动性差，影响泵的吸入；进泵油温过高，部分油汽化，也影响泵的吸入。从大罐吸油时，进泵油温一般应在 20～35℃较合适。

（5）使用吸入空气包。

（6）检查阀及弹簧有无损坏。如果某一个缸的阀或弹簧损坏，将造成工作不均匀，振动加剧。

（7）降低冲次。长庆油田使用的冲程 50mm 以上、200mm 以下的输油往复泵，冲次均在 300 次/min 以下。

（8）出口管线固定可靠。

（9）安装往复泵时，尽可能增大泵与罐的高差。

（10）应提高曲轴组件的动平衡精度、优化进液弹簧、进液阀设计。

三、变频调速

由于往复泵的输出功率与冲次是一次方关系，离心泵的输出功率与转速是三次方关系，在往复泵上应用变频器调速，节电效果不如离心泵。

额定功率相同的两种泵，下降同样的转速后，往复泵的输出功率高于离心泵，往复泵的电机做功比离心泵的大，往复泵电机的风扇吹出的风量随转速下降比例的二次方下降，往复泵的电机温度比离心泵高。当在往复泵上使用普通电机变频调速后，要特别注意电机的温度不要超限。

变频调速：当转速下降一半时，各参数的变化如表 13－6 所示。

表 13－6　转速下降一半，离心泵和往复泵的各参数变化

参数	离心泵	往复泵
排量	1/2	1/2
压力	1/4	不变
功率	1/8	1/2

在往复泵上应用变频器时，应同步更换变频电机。变频电机具有以下优点：一是有独立风扇，风量不受主电机转速影响；二是采用绝缘轴承，可消除轴电流；三是特殊的电磁设计，以改善电动机对非正弦波电源的适应能力。

四、排液阀关闭不严的后果

当往复泵的十字头销、曲轴瓦为滑动轴承时，排液阀关闭不严，会使泵腔内保持高压，从而使十字头销、曲轴瓦始终靠在一个方向，润滑油无法进入运动副之间，最终导致烧蚀。此外排液阀关闭不严，还会影响排量。因此，要重视排液阀关闭不严问题，及时修复，避免更大的事故。大型泵应设置排液阀关闭不严报警装置，可通过监测排量下降或异响获得信号。

五、往复泵订购

（1）应要求具有排出压力过高、吸入压力过低、曲轴箱油位过低自动停机保护功能。

（2）在配套上，应配备专用工具、抗震压力表、电接点压力表、安全阀、控制柜、蓄能器。蓄能器要明确规格，不同规格价格不同。

（3）十字头孔应有可更换的滑板或缸套。

API 674—1995《固定排量泵——往复式》和 ISO 13710—2010《石油、石油化工和天然气工业往复式容积泵》规定，单缸功率超过 75kW 时，十字头孔才配可更换的衬套或导板。即三缸泵 225kW 以上、五缸泵 375kW 以上才配衬套或导板。目前机身多采用灰铸铁，十字头多采用球墨铸铁或铸钢，机身硬度小于十字头，易受磨损。测试发现十字头孔垂直方向的磨损大于水平方向，说明十字头虽有润滑，但仍有下沉情况。由于十字头孔下部的磨损，导致十字头下沉，造成中间杆、柱塞与盘根孔不同心，柱塞、盘根易损坏。由于机身无可更换的部件，一旦磨损，须返厂修理，且需重新镗孔，费用很大。因此，实际定购时，往复泵十字头孔尽量都配可更换的衬套或导板，单缸功率超过 30kW 时，必须配可更换的衬套或导板。

（4）规定电机的防护等级、防爆等级、工作制。对皮带传动的，应明确横向力，特别是大功率电机。

（5）应规定主要结构。阀是立式还是卧式？组合式还是分体式？泵头是整体式还是分体式？

（6）规定主要部件的材质，甚至盘根的数量。

（7）规定泵的冲次。冲次对泵的体积影响极大。提高冲次，可减小体积，从而降低造价，但冲次过高，阀、柱塞、盘根等易损件寿命大大缩短，极大增加运行费用。

（8）曲轴应采用全支承结构，即三缸泵四支承、五缸泵六支承、七缸泵八支承，以改善曲轴受力。在不改变曲轴箱外形的条件下，可增大柱塞推力，可增大柱塞直径，提高排量。

（9）向五缸泵发展。由于五缸泵比三缸泵单位质量的功率大，有较好的性价比，而且由于振动小，可不配或配小蓄能器，近年在钻井泵、压裂泵上推广很快。输油泵、注水泵也应向五缸泵发展。

六、往复泵技术指标

往复泵技术指标符合 GB/T 9234—2018《机动往复泵》的要求。

（1）额定工况下的指标如表 13－7 所示。

表 13－7　往复泵技术指标

<table>
<tr><th rowspan="2">项　目</th><th colspan="3">额定排出压力/MPa</th></tr>
<tr><th>≤20</th><th>20～31.5</th><th>31.5～35</th></tr>
<tr><td>流量/(m^3/h)</td><td colspan="3">(95～110)%额定流量</td></tr>
<tr><td>泵效率≥/%</td><td>87</td><td>86</td><td>83</td></tr>
<tr><td>泵容积系数≥/%</td><td>93</td><td>92</td><td>88</td></tr>
<tr><td>噪声/dB（额定输入功率>75～160kW）</td><td>90</td><td>92</td><td>93</td></tr>
</table>

（2）盘根泄漏量小于泵额定排量的 0.01%，泵额定排量小于 10m^3/h 时，泄漏量小于 1L/h。

（3）油池油温不超过 75℃。轴承、十字头导轨孔的温度不超过 85℃。

（4）机体主轴承在额定工况下的设计寿命不少于 25000h.

（5）主要易损件更换时间应不低于表 13－8 规定。

表 13－8　往复泵易损件寿命指标

<table>
<tr><th rowspan="3">易损件名称</th><th rowspan="3" colspan="2">输送介质</th><th colspan="3">额定排出压力/MPa</th></tr>
<tr><th>≤20</th><th>20～31.5</th><th>31.5～35</th></tr>
<tr><th colspan="3">更换时间/h</th></tr>
<tr><td rowspan="4">柱塞</td><td colspan="2">清水、乳化液</td><td>4000</td><td>3500</td><td>2000</td></tr>
<tr><td colspan="2">原油</td><td>5000</td><td>4000</td><td>3000</td></tr>
<tr><td colspan="2">含油污水</td><td>1500</td><td>1200</td><td>1000</td></tr>
<tr><td colspan="2">化工液体</td><td>3000</td><td>2500</td><td>1500</td></tr>
<tr><td rowspan="4">填料</td><td colspan="2">清水、乳化液</td><td>3000</td><td>1500</td><td>1000</td></tr>
<tr><td colspan="2">原油</td><td>3500</td><td>2000</td><td>1500</td></tr>
<tr><td colspan="2">含油污水</td><td>1500</td><td>1000</td><td>800</td></tr>
<tr><td colspan="2">化工液体</td><td>2000</td><td>1500</td><td>1000</td></tr>
<tr><td rowspan="3">阀组</td><td rowspan="2">无故障运行时间</td><td>清水、乳化液、原油、化工液体</td><td colspan="3">1200</td></tr>
<tr><td>污水</td><td colspan="3">800</td></tr>
<tr><td>允许修复</td><td>清水、乳化液、原油、化工液体</td><td colspan="3">3000</td></tr>
</table>

第十四章　加热装置管理

第一节　各种加热装置的结构和特点

油田用的加热装置按炉膛燃烧压力分为正压燃烧和负压燃烧；按锅筒压力分为负压、常压、正压；按加热方式分为直接加热和间接加热；按燃料分为原油、天然气、煤；按烟气回程分为二回程和三回程；按加热介质是否进炉分为锅炉和加热炉。

一、锅炉

锅炉分为蒸汽锅炉和热水锅炉。二者的主要区别是蒸汽锅炉锅筒内有汽水分离器、集气管、水位计等装置，锅筒上部有较大的蒸汽空间，依靠蒸汽压力循环，不需循环泵，有冷凝乏水，热水锅炉与之相反。相同的压力下，饱和蒸汽的比焓大于饱和水，蒸汽锅炉可提供更高的介质温度。

油田应用的蒸汽锅炉主要有四种：双锅筒纵置式、单锅筒纵置式、卧式内燃式和注汽用水管锅炉。

热水锅炉按锅筒承压情况，可分为常压式、负压式和正压式。

常压式热水锅炉需经常补水，结垢、腐蚀较严重，热效率较低，常用于功率较小的炉子。

负压式热水锅炉又称真空式热水锅炉，如图 14－1 所示，与常规热水锅炉的区别是锅筒内、水面之上有水盘管，盘管与外部采暖管网相通，锅筒内的水不参与管网循环。锅筒内的水受热后沸腾，产生蒸汽，蒸汽遇到介质盘管而冷凝，利用水的相变进行换热。由于排出部分蒸汽后，真空阀关闭，锅筒内的蒸汽冷凝，使炉体内形成真空状态，产生负压，水的汽化温度降低，汽化潜热增加，传热效率高。

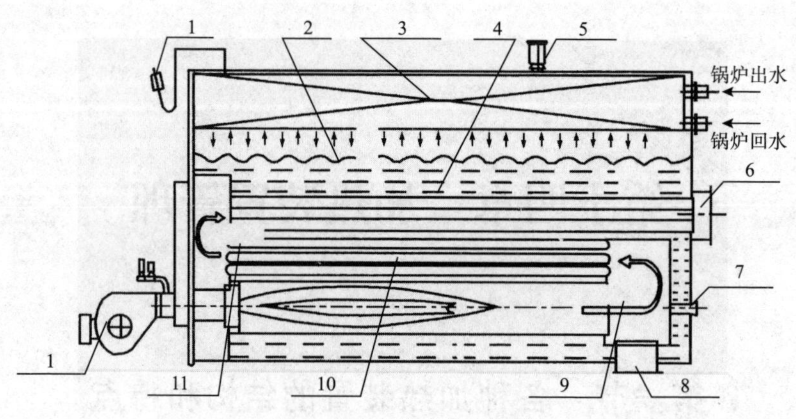

图 14－1　真空式热水锅炉

1—真空器；2—冷凝水；3—冷凝换热器；4—中间介质；5—止回器；6—出燃口；7—看火孔；8—防爆门；9—回燃室；10—烟管；11—燃烧泵

真空锅炉具有以下特点：

（1）安全：锅筒工作在负压状态，不易发生爆炸；

（2）可靠：锅筒内的水（中间介质）密闭循环，锅炉结垢、腐蚀很少；

（3）节能：燃油和燃气真空锅炉的设计热效率均为 90% 以上；水耗比承压和常压锅炉约低 20% 以上；

（4）经济：由于不需配给水软化处理和除氧设施，且锅炉体积小、热效率高，因此，占地少、投资省、运行费用低；

（5）供热温度低，出水温度超不过 90℃。

正压式热水锅炉，锅筒内的水与管网相通，参与循环。锅筒承受泵的压力，热效率介于常压锅炉和负压锅炉之间。供热温度高于常压和负压锅炉，0.7MW、1.4MW 的热水锅炉出水温度可达 130℃，2.8MW 的热水锅炉出水温度可达 150℃。

二、加热炉

加热炉与锅炉的主要区别是被加热介质（如原油或热媒）进入炉内。

1. 管式加热炉

管式加热炉结构如图 14－2 所示，原油直接进入炉内炉管，火焰直接加热炉管。炉管在炉壁的排列形式有螺旋式和直线式。炉管在炉内分辐射段和对流段两个吸热阶段。主要特点是升温快。原理是火焰通过管子加热目的物。

2. 水套加热炉

水套加热炉属于火筒式间接加热炉，火焰加热水套中的水，水套中的水加热介质。按水套承压情况，可分为常压式、负压式和正压式。

常压式加热炉需经常补水，结垢、腐蚀较严重，常用于功率较小的炉子。

负压式加热炉又称真空式加热炉，如图 14－3 所示，与常规水套炉的区别是油盘管不浸泡在水中，而是在水面之上；与真空锅炉的区别是盘管内流动的是原油，不是水。其原理与真空锅炉相同，火加热水，水变蒸汽，蒸汽加热目的物。

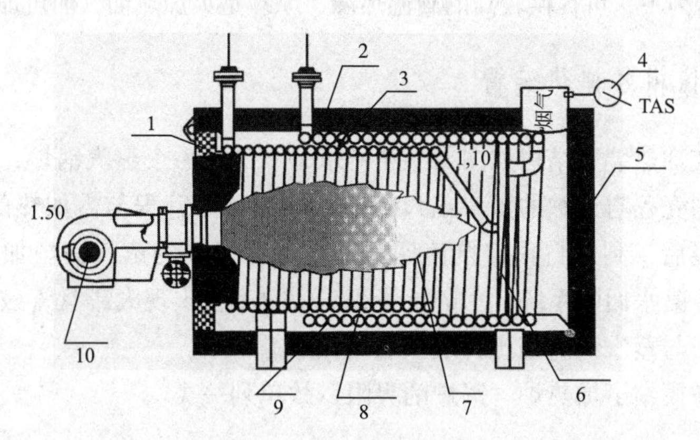

图 14－2　管式加热炉

1—燃烧器端板；2—外部加热盘管；3—内部加热盘管；4—超温控制器；5—保温层；6—底部加热区；7—炉膛（第一加热区）；8—对流热表面（第二加热区）；9—对流热表面（第三加热区）；10—燃油、燃气燃烧器

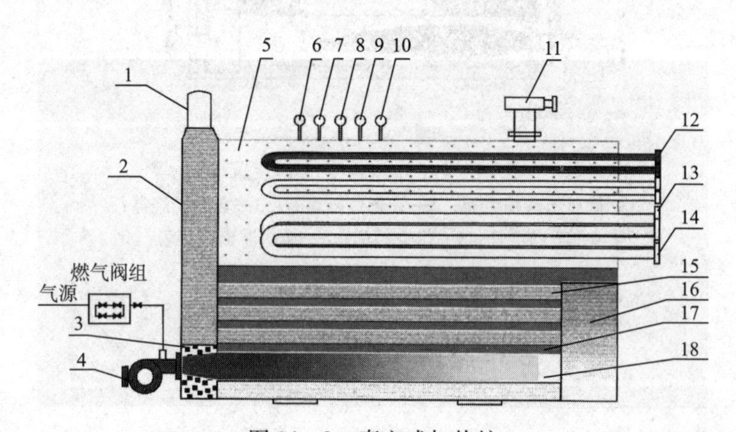

图 14－3　真空式加热炉

1—烟囱；2—前烟厢；3—炉口砖；4—燃烧器；5—水蒸气；6—温度计；7—温度传感器；8—液位计；9—液位传感器；10—真空压力表；11—真空阀；12—生活水盘管；13—采暖水盘管；14—主加热盘管；15—烟管；16—后烟厢；17—载热体；18—燃烧室

正压式水套加热炉的水套承受 0.4MPa 左右的压力，油盘管泡在水中，原理是火加热水，水加热目的物。

3. 火筒式直接加热炉

火筒式直接加热炉结构与水套加热炉类似，只是锅筒内无盘管，不装水而装油。

4. 热媒加热炉

热媒加热炉结构与管式加热炉类似，但盘管内流动的不是原油，而是导热系数较高的导热油。循环泵驱动导热油经过换热器，将热量传给被加热介质。与水相比，在同样压力下，可提供较高的高温热源。原理是火加热油，油再加热目的物。

三、分体相变加热装置

分体相变加热装置结构如图 14 - 4 所示，下部是一个蒸汽锅炉，上部是换热器，换热器的壳程与锅炉的蒸汽出口相通，换热器的管程与需加热的介质相通，蒸汽换热冷凝后，利用自重直接流回锅炉。相比以往的蒸汽锅炉加换热器的方式，省去了冷凝水回收系统，水的耗量很少，也不会出现大罐盘管破损冷凝水被污染的情况。与蒸汽锅炉相比，缺点是增加了循环泵。

这种设备模糊了加热炉、锅炉的界限，故单列一类。

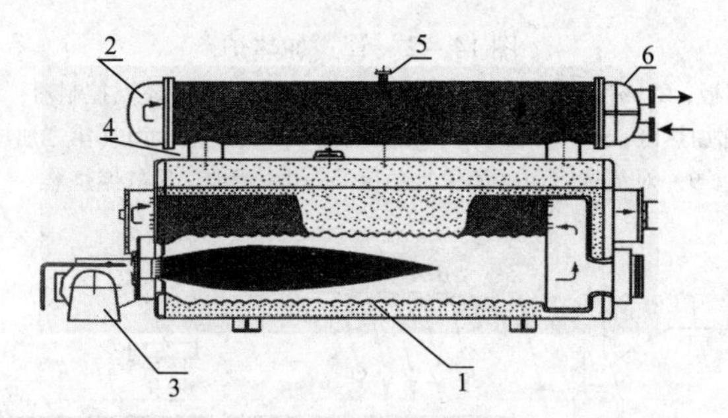

图 14 - 4　分体相变加热装置

1—低压蒸汽发生器；2—管壳式换热器；3—自动燃烧器；4—蒸汽接管；5—排空阀门；6—换热器出口接管

第二节　选型方向

（1）油田场站加热装置的选型，过去一般按小站用加热炉，联合站、集中处理站等大站用蒸汽锅炉的原则。这个模式需要修正。

应用蒸汽锅炉存在的问题：一是需要水大量，如运行两台 4t/h 的蒸汽锅炉，每天耗水 $192m^3$，这对缺水地区，是个较大的负担。有的站配了冷凝水回收系统，但因大罐盘管经常破损，乏水被污染，导致回收回来的冷凝水无法使用，每天增加污水 $192m^3$，增加了污水处理量。在水质较差的地方，为使锅炉补水合格，在水处理方面，除了配钠离子交换器外，又配了反渗透水处理装置，水处理装置的价值超过了锅炉的价值，成本太高。二是乏水带走了部分热量，造成整体效率较低。

应用热水锅炉存在的问题：一是虽然减少了水的消耗，但若大罐盘管破损，则导致循环水被污染，污水进入锅炉，影响锅炉安全运行；二是热水锅炉的加热温度较低。

综上所述，在联合站、集中处理站等大站用分体相变加热装置或热媒加热炉是较好的选择。用这两种设备，一是耗水少或不用水；二是不怕大罐盘管破损；三是效率较高。这两种设备比较，后者的加热温度较高，但购置费用和补充介质费用也较高。

（2）燃油燃气锅炉选型，应选卧式、内燃、三回程、湿背式，如图 14－5 所示。这种锅炉具有较高的效率。

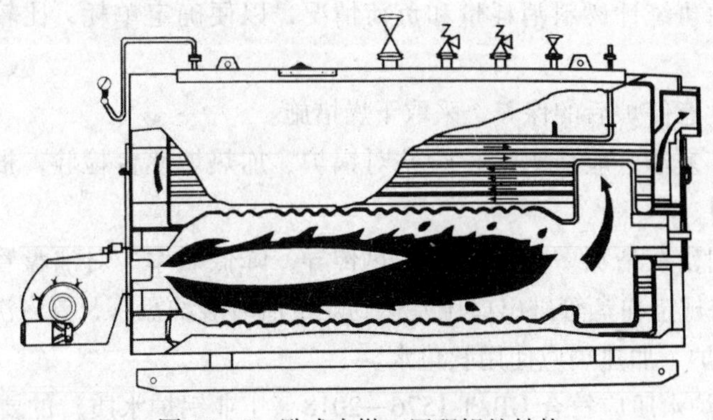

图 14－5　卧式内燃三回程锅炉结构

（3）对于真空锅炉或加热炉，当真空阀意外失效，会导致锅筒承压，甚至爆炸，故对真空炉一定要采取防爆膜和真空阀双重保护。对于自带烧火间的加热炉，应将水位计装在烧火间内，便于观察，也利于防冻。

（4）应开发应用集加热、缓冲、分离、计量等多种功能于一体的多功能容器，大型加热炉应采用立式，以减少占地和投资。

（5）大型加热炉（如 400kW 以上的）应采用承压炉或真空加热炉，不应采用常压炉。

常压炉存在以下问题：水汽易蒸发，带走热量，效率较低；由于水的蒸发，需经常补水，增加了水垢的形成。水垢的产生，降低了传热效率，增加了能耗。

第三节　管理要求

（1）加热炉、锅炉应具有加热温度自动控制、电子点火、自动吹扫功能。具有下列声光报警保护：水位过高、过低；锅筒压力过高；熄火；燃料压力过高、过低。具有下列监测显示：排烟温度、介质进出炉温度、锅筒压力、燃烧状态。

（2）加热炉、锅炉的水位应在正确的位置。水位过低，易造成烧干锅；真空加热炉水位过高，如果淹没盘管，将使真空加热原理失效，降低加热炉效率。

（3）真空锅炉、真空加热炉必须保持真空状态运行，若真空阀持续泄漏，则成常压炉，降低效率，并增加锅筒内的腐蚀、结垢。

（4）合理调节空燃比，保持恰当的空气过剩系数。大功率炉子（如1000kW以上的），应配氧含量监测仪，实现空燃比自动调节。

（5）尽量减少点炉数量。水套加热炉内一般设有两套以上盘管，应一套走油，一套走水。负荷低时，点1台炉；负荷高时，点2台炉。

（6）应每班统计燃料消耗量和负荷情况，以便确定单耗，比较燃料消耗的高低。

（7）应注意停炉后的保养，采取干燥措施。

（8）每年夏季，应请锅炉检验站对锅炉、加热炉逐台检验，根据检验结果制定检修计划。

（9）及时清灰清垢。灰垢阻碍了热传导，降低效率。对油盘管结垢较严重的加热炉，应规定在盘管进出口压差达到规定值时酸洗盘管，要多洗少换。

（10）锅炉、加热炉应使用软化水。

（11）锅炉水质应符合GB/T 1576—2018《工业锅炉水质》的要求。

①蒸汽锅炉采用炉外化学水处理时，水质应符表14－1要求。

表14－1　采用炉外水处理的自然循环蒸汽锅炉水质

水样	额定蒸汽压力/MPa	$P \leq 1.0$		$1.0 < P \leq 1.6$		$1.6 < P \leq 2.5$		$2.5 < P < 3.8$	
	补给水类型	软化水	除盐水	软化水	除盐水	软化水	除盐水	软化水	除盐水
给水	浊度/FTU	≤5.0							
	硬度/(mmol/L)	≤0.03							$\leq 5 \times 10^{-3}$
	pH（25℃）	7.0～10.5	8.5～10.5	7.0～10.5	8.5～10.5	7.0～10.5	8.5～10.5	7.0～10.5	8.5～10.5
	电导率（25℃）/(μS/cm)	—		$\leq 5.5 \times 10^2$	$\leq 1.1 \times 10^2$	$\leq 5.0 \times 10^2$	$\leq 1.0 \times 10^2$	$\leq 3.5 \times 10^2$	≤80.0
	溶解氧/(mg/L)	≤0.10			≤0.050				
	油/(mg/L)	≤2.0							
	铁/(mg/L)	≤0.30					≤0.10		

续表

锅水	全碱度/(mmol/L)	无过热器	4.0~26.0	≤26.0	4.0~24.0	≤24.0	4.0~16.0	≤16.0	≤12.0	
		有过热器	—		≤14.0		≤12.0			
	酚酞碱度/(mmol/L)	无过热器	2.0~18.0	≤18.0	2.0~16.0	≤16.0	2.0~12.0	≤12.0	≤10.0	
		有过热器	—		≤10.0					
	pH (25℃)		10.0~12.0						9.0~12.0	9.0~11.0
	电导率(25℃)/(μS/cm)	无过热器	$\leq 6.4\times10^3$		$\leq 5.6\times10^3$		$\leq 4.8\times10^3$		$\leq 4.0\times10^3$	
		有过热器	—	—	$\leq 4.8\times10^3$		$\leq 4.0\times10^3$		$\leq 3.2\times10^3$	
	溶解固形物/(mg/L)	无过热器	$\leq 4.0\times10^3$		$\leq 3.5\times10^3$		$\leq 3.0\times10^3$		$\leq 2.5\times10^3$	
		有过热器	—		$\leq 3.0\times10^3$		$\leq 2.5\times10^3$		$\leq 2.0\times10^3$	
	磷酸根/(mg/L)		--	10~30					5~20	
	亚硫酸根/(mg/L)		—		10~30				5~10	
	相对碱度'		<0.2							

②热水锅炉采用炉外化学水处理时，水质应符表14-2要求。

表14-2 采用炉外化学水处理的热水锅炉水质

项 目	给 水	锅 水
硬度/(mmol/L)	≤0.6	
PH (25℃)	7.0~11.0	9.0~12.0
浊度/FTU	≤5.0	
铁/(mg/L)	≤0.30	≤0.50
油/(mg/L)		≤2
溶解氧(25℃)/(mg/L)	≤0.1	≤0.5
磷酸根/(mg/L)		5.0~50
酚酞碱度/(mmol/L)		≥2.0

(12) 燃油和燃气锅炉出厂热效率(NB/T 47034—2013《工业锅炉技术条件》规定)如表14-3所示。

表 14-3　燃油和燃气锅炉出厂热效率　%

规格	重油	轻油	天然气、液化石油气
≤2t/h	86	88	88
>2t/h	88	90	90

（13）锅炉运行效率指标（GB/T 17954—2007《工业锅炉经济运行》规定）如表 14-4 所示。

表 14-4　锅炉运行效率指标　%

功率/MW	运行热效率等级	重油	天然气	功率/MW	运行热效率等级	重油	天然气
0.7～1.4	1	87	89	5.7～14	1	89	91
	2	86	88		2	88	90
	3	85	87		3	87	89
1.5～5.6	1	88	90	>14	1	90	92
	2	87	89		2	89	91
	3	86	88		3	88	90

注：1 级优秀、2 级良好、3 级合格。

（14）排烟温度指标（GB/T 17954—2007 规定《工业锅炉经济运行》）如表 14-5 所示。

表 14-5　工业锅炉运行排烟温度规定值

功率/MW	排温/℃					
锅炉类型	无尾部受热面锅炉				有尾部受热面锅炉	
	蒸汽锅炉		热水锅炉			
燃料	煤	油气	煤	油气	煤	油、气
≤1.4	<250	<230	<220	<200	<180	<160
>1.4						

（15）应从以下几个方向实现锅炉节能：

①小改大：将分散的小型锅炉改为集中的大型锅炉；

②油改煤、改气：将燃油改为燃煤或燃气；

③汽改水：尽可能将蒸汽供热改为热水供热，应优先采用分体相变加热炉；

④大炉子配自动燃烧器，自动实现空燃比的最佳匹配，自动实现火焰大小转换；

⑤蒸汽冷凝水回收；

⑥烟气余热回收：采用热管与水腔换热、空气预热器等措施；

⑦合理匹配：额定负荷应与实际最大负荷接近，选型过大或过小都不好。

第四节 燃烧器

油气田加热装置所用的燃料多为原油、伴生气或天然气。本节主要针对燃油燃气燃烧器而言。

一、燃烧器的分类

1. 按燃料种类分

（1）燃油燃烧器

燃油燃烧器按雾化形式分为机械雾化和气体雾化两种。

①机械雾化

压力式：依靠油泵将燃油加压至2.0～4.0MPa，高压油通过切向槽和旋流室产生强烈旋转，再经喷孔雾化。这种燃烧器对油质要求高，喷咀易堵。调节范围为1∶4左右。

转杯式：依靠4000～6000r/min的高速旋转的离心力作用，将油高速喷出，被高速空气雾化。这种燃烧器要求的燃油压力低、过滤要求低、油量调节范围大，可达1∶8左右。噪音大、不适用于正压炉。

②气体雾化

气体雾化是利用气体的压力将油雾化。按所用气体不同可分为蒸汽雾化和空气雾化两类。调节范围为1∶10左右。结构简单，无堵塞，噪音大，需要气源。

（2）燃气燃烧器

①按一次空气系数分为以下三种。

a. 扩散式：一次空气系数为零。燃烧所需氧气依靠扩散作用从周围大气获得。

b. 大气式：一次空气系数为0.2～0.8。燃气与部分空气预先混合进行燃烧。

c. 完全预混式（又称无焰式）：一次空气系数大于等于1。燃气空气在燃烧前全部预混。

②按空气供给方式分为以下三种。

a. 自然引风式：靠炉膛中的负压将空气吸入燃烧系统。

b. 鼓风式：靠鼓风机将空气送入燃烧系统。

c. 引射式：空气被燃气射流吸入或燃气被空气射流吸入。

（3）油气两用燃烧器

油气两用燃烧器可单独烧油或烧气或油气混烧。

2. 按火焰调节方式分

（1）单段式

单段式只有燃烧和熄火功能。

（2）双段式

双段式有大火、小火、熄火功能。

（3）双段渐进式

双段渐进式又叫二段滑动式、半比例式，在双段式基础上，在大、小火之间有短暂的无级调节。

（4）比例调节式

比例调节式在双段渐进式基础上增加负荷调节器和传感器（温度或压力），输出功率可在最大与最小之间自动连续调节。

二、选型方向

（1）负荷波动较大，且功率较大的炉子，应选比例调节式燃烧器。一般情况下，应选双段式燃烧器。

（2）在伴生气放空的地方不使用自动燃烧器。

（3）燃烧器应具有加热温度自动控制、空燃比自动匹配、电子点火、自动吹扫、熄火报警、自动检漏、燃气压力过高、过低报警功能，应连接锅筒压力过高熄火、水位过低熄火等保护。

（4）燃烧器的功率应与炉子的功率相匹配。根据燃料耗量或锅炉出力、燃料种类、调节方式，从燃烧器样本上的背压图上选择燃烧器的型号。注意考虑燃料热值、海拔高度对燃烧器功率的影响。

（5）燃烧器的火焰直径与长度应与燃烧室匹配，火焰位置应与炉膛受热面相对。

（6）燃烧器的背压应大于炉子烟风系统阻力。

三、管理要求

（1）要特别重视自动燃烧器的燃料净化问题。要定时清洗过滤器，防止过滤器堵塞，造成油泵空转干磨，防止过滤器失效，颗粒进入油泵。要及时排除燃气分离器中的液体。

燃原油的一体化自动燃烧器，由于燃料过滤不好，导致燃烧器自带的油泵频繁的损坏。燃伴生气的燃烧器，由于液体分离不净，导致减压阀频繁失效。

仅靠燃烧器自带的过滤器往往不能满足要求，需另外采取过滤、分离措施。如增设过滤器、分离器，改进燃油罐沉降效果，或用国产分体泵代替进口的一体泵，以减少费用。

（2）自动燃烧器的控制系统较复杂，应加强燃烧器故障排除方面的培训，提高操作人员自动燃烧器的故障排除能力。

（3）燃油温度是影响雾化的重要因素。用一般原油时，燃油进入喷咀之前的温度应达到90℃以上，采用重油和稠油时，应达到120℃以上。

（4）应经常检查自动功能、保护功能的有效性，确保使用安全。中国石油制定了 Q/SY 1836—2015《锅炉/加热炉燃油（气）燃烧器及安全联锁保护装置检测规程》。

（5）应将燃烧器与相关的传感器连接，闭环控制，以实现自动功能。

（6）当燃烧器由于保护功能动作，导致不能正常工作时，不允许将保护回路短接，使保护功能失效。

第十五章　车辆管理

第一节　分类

一、按工作性质分

（1）通用车辆：指卡、罐、吊、拖、大小客车等。

（2）石油专用车辆：指修井车、水泥车、热洗车、锅炉车、试井车、压风车、连续油管车、洗井车、捞油车等。

二、按车管所的分类

1. 按大小分

大型车和小型车，挂不同颜色的牌照。

符合下列条件之一的为大型车：

①总质量为 4500kg 以上的；

②乘坐人数达 20 人以上的；

③车长为 6m 以上的。

除上述条件之外的汽车均为小型车。

2. 按用途分

客车：以拉人为主，核定座位数量。驾驶 20 座以上，需有大客驾驶执照。

货车：以拉货为主，核定吨位。

特种车：警车、消防车、工程抢险车、救护车、交通事故勘察车。

专用车：除特种车以外的有专门设备的单一用途的汽车。

全挂车：本身无动力，独立承载，需其他车辆拖动的车辆。

半挂车：本身无动力，与主车共同承载，需牵引车拖动的车辆。

三、按结构分

1. 按发动机分类

（1）按燃料分：汽油车、柴油车、纯气动车、双燃料车、混合动力车、电动车等。

（2）按冷却方式分：风冷、水冷。

（3）按吸气方式分：增压、非增压。

（4）按发动机安装位置分：前置（纵置、横置）、后置。

（5）按气缸排列方式分：直列式、V形。

2. 按悬挂方式分

（1）独立悬挂：车桥分为左右两半，分别通过弹性悬挂在车架（或车身）下。

（2）非独立悬挂：车桥为整体，通过左右弹性悬挂在车架（或车身）上。

3. 按传动方式

（1）手动变速：机械传动。

（2）自动变速：液力+机械。

4. 按驱动方式分

（1）按驱动桥数量分：一桥驱动（如4×2）、多桥驱动（如4×4、6×4、6×6）。

（2）按驱动桥位置分：前驱、后驱。

5. 按刹车方式分

（1）按刹车介质分：气刹、油刹。

（2）按制动器形式分：盘刹、鼓刹。

四、按GB/T 15089—2001《机动车辆及挂车分类》的分类

1. M类

至少有四个车轮并且用于载客的机动车辆属于M类。

（1）M1类：包括驾驶员座位在内，座位数不超过九座的载客车辆。

（2）M2类：包括驾驶员座位在内座位数超过九个，且最大设计总质量不超过5000kg载客车辆。

（3）M3类：包括驾驶员座位在内座位数超过九个，且最大设计总质量超过5000kg的载客车辆。

2. N类

至少有四个车轮且用于载货的机动车辆属于N类。

（1）N1类：最大设计总质量不超过3500kg的载货车辆。

（2）N2类：最大设计总质量超过3500kg，但不超过12000kg的载货车辆。

（3）N3类：最大设计总质量超过12000kg的载货车辆。

3. O类

挂车（包括半挂车）属于O类。

（1）O1类：最大设计总质量不超过750kg的挂车。

（2）O2类：最大设计总质量超过750kg，但不超过3500kg的挂车。

（3）O3类：最大设计总质量超过3500kg，但不超过10000kg的挂车。

（4）O4类：最大设计总质量超过10000kg的挂车。

第二节　选型要求

以下选型要求主要针对油田专用车而言。

（1）由于受用工指标和安全的控制，油田公司的通用车辆的用车模式应主要为租用。石油专用车辆由于价值高、不易租到等原因，应仍以自购为主。

（2）尽可能一车多用。如在水泥车上加上加热炉，可实现热洗功能，若再加上罐，可实现独立热洗，如图15－1所示；在高压制氮车上改变流程，可提供高压空气、高压氮气、低压空气、低压氮气4种产品；试井车上加装电缆滚筒，实现钢丝、电缆两用。

图15－1　泵、炉、罐一车装的热洗车

（3）在满足运移要求的条件下，尽可能扩大台上部分参数，提高施工速度。如过去油田用的高压压风车均为$10m^3/min$，长庆油田开发了$25m^3/min$的高压压风车，施工时间成倍缩短。扩大热洗车泵、炉的排量，也可缩短热洗时间。

（4）石油专用车辆主要在野外施工，而去施工现场的道路路况差，因此，石油专用车辆应选用多轴驱动的底盘。

(5) 在底盘功率足够且不过剩很多、取力器价格低于台上发动机、取力器可靠性满足使用要求的情况下，尽量采取底盘取力方式。可简化结构、降低造价、减少故障点。

(6) 在寒区使用的车辆，应有冷起动装置，如加热润滑油、冷却液的装置。

(7) 重心布置合理，各轴不超载，重心不过高，整车长度、转弯半径要适应油区道路。

(8) 主要在有电网地区工作的石油专用车，台上部分可考虑用电机驱动；主要在有伴生气井场工作的石油专用车，台上部分可考虑使用伴生气，如锅炉车、热洗车等。以减少运行费用。

(9) 改装车厂家应有改装资质，产品应登入国家的许可公告，车辆必须挂牌行驶。

(10) 改装符合相关法规、技术标准要求。

(11) 推行带压修井、带压洗井作业方式，配备带压修井、带压洗井设备，减少卸压损失。

(12) 提高机械化、自动化水平。如大修修井机配二层台机械手、管杆输送机、铁钻工等。

(13) 推广高效设备。如无落地绷绳修井机、一次可起一整根油管的带压修井机等。

第三节 管理要求

(1) 石油专用车由于价值昂贵，应由正式员工操作。

(2) 安全活动常抓不懈。加强司机各项安全培训，对本单位的事故做到“四不放过”。

(3) 按时进行各级保养：

一级维护以清洁、润滑、紧固为主，并检查灯光、转向、制动、喇叭等安全部件。行驶里程每间隔2000~3000km进行一次；

二级维护除一级维护的内容外，以检查、调整为主，并拆检轮胎，进行轮胎换位。行驶里程每间隔10000~15000km进行一次。

(4) 做好工作量计量。工作量的计量是核算油耗、材料消耗、考核司机业绩的基础。公里数应以路码表或GPS记录为准。

台上台下分别用柴油机驱动的车，台下按路码表公里计量，台上按运转时间计量，按测算的换算系数，将时间折成公里，台上台下公里数之和即为总工作量；台上台下统一驱动的车，台下台上均按运转时间计量；也可采用实物计量，如生产几炉水、生产多少气量等。

无论何种车，必须记录公里。不论台上有无发动机，特车在设备管理报表和信息系统中只能按1台车存在，台上有发动机，可分别填写2台发动机的运转记录。

（5）制定消耗定额并严格考核。依据测试及积累的资料，测算各类设备的燃油、轮胎、电瓶等的消耗定额。实行单车核算，每月张榜公布每台车的公里、油耗、修理费用。

（6）建立车辆回厂检验制度。

（7）户籍管理。有车单位应建立按车辆户籍分类的车辆台账，内容应有牌照号码、车主名称、户籍所在地、注册登记时间、品牌型号、使用性质、车辆识别代号、发动机号、底盘号、车辆类型、燃料种类、发动机排量、发动机功率、车身颜色、总质量、核定载重、核定载客人数、外廓尺寸等，并及时维护。

①入户

新车接回后，应同时接收相关手续，如合格证（或进口证明）、发票等，办理车辆购置附加税、交强险，按规定办理入户手续。

②转户

当车辆跨户籍调动、处置时，应及时办理转户手续。

③销户

当车辆牌照报废后，应尽早将车辆交给当地政府指定的金属回收单位，凭回收证明到车管所办理销户手续。

④改型

当需改变车辆户籍类型时，应向省交警总队递交正式申请，取得批准后方可实施，实施后到当地车管所办理改型手续。更换发动机、大梁后，应到车管所办理变更手续。

（8）轮胎的要求及管理措施如下：

①应建立轮胎管理制度，建立轮胎档案，详细登记轮胎的有关数据，如表15－1、表15－2所示；

表15－1 轮胎卡片

牌照号		汽车型号		汽车厂牌	
轮胎参数	规格	层级	速度级别	花纹形式	花纹深度
	规定气压	最大负荷	标准轮辋	有无内胎	轮胎结构

续表

装胎记录									
左起胎位		胎号	厂牌	装用		胎号	厂牌	装用	
				时间	公里			时间	公里
一轴	一								
	二								
二轴	一								
	二								
	三								
	四								
三轴	一								
	二								
	三								
	四								
四轴	一								
	二								
	三								
	四								
备胎									

表 15－2　轮胎维修记录

维修时间	胎号	厂牌	维护级别	胎位	花纹深度	损坏及修复记录

②轮胎应在二级维护时换位；

③轮胎胎冠花纹深度：乘用车、摩托车及轻便摩托车和挂车轮胎胎冠上花纹深度不允许小于1.6mm，其他机动车转向轮的胎冠花纹深度不允许小于3.2mm，其余轮胎胎冠花纹深度不允许小于1.6mm；

④轮胎胎面不允许因局部磨损而暴露出轮胎帘布层，轮胎不允许有影响使用的缺损、异常磨损和变形；

⑤轮胎的胎面和胎壁上不允许有长度超过25mm或深度足以暴露出轮胎帘布层的破裂和割伤；

⑥同一轴上的轮胎规格和花纹应相同，轮胎规格应符合整车制造厂的出厂规定；

⑦机动车转向轮不允许装用翻新的轮胎；

⑧车轮总成的横向摆动量和径向跳动量：总质量不大于3500kg的汽车不应大于5mm；其他机动车不应大于8mm；

⑨速度等级表明轮胎在规定条件下承载规定负荷的最高速度。常用的速度等级如表15－3所示。

表15－3　轮胎常用的速度等级　km/h

J	K	L	M	N	P	Q	R
100	110	120	130	140	150	160	170
S	T	U	H	V	Z	W	Y
180	190	200	210	240	240以上	270	300

（9）严密维修管理程序，防止出现修理漏洞。实行定点维修、专人核查工作量和质量。

（10）开展长寿机活动，对爱护设备、延长设备使用寿命的司机给予奖励。

（11）有关安全的要求按GB 7258—2017《机动车运行安全技术条件》执行。

①制动距离与制动稳定性符合表15－4要求。

表15－4　制动距离和制动稳定性要求

机动车类型	制动初速度/(km/h)	满载检验制动距离要求/m	空载检验制动距离要求/m	试验通道宽度/m
三轮汽车	20	≤5.0		2.5
乘用车	50	≤20.0	≤19.0	2.5
总质量不大于3500kg的低速货车	30	≤9.0	≤8.0	2.5
其他总质量不大于3500kg的汽车	50	≤22.0	≤21.0	2.5
其他汽车、汽车列车	30	≤10.0	≤9.0	3

②最高设计车速不小于100km/h的汽车，方向盘的最大自由转动量不允许大于15°。

第十六章　压缩机管理

天然气压缩机在油田压缩机中功率大、数量多、重要性高，本章所述都是针对天然气压缩机。

第一节　压缩机的分类

天然气压缩机主要有往复式、离心式、螺杆式三种。

一、往复式

1. 按与动力机的连接方式分

（1）整体机：压缩机与动力机共用曲轴和曲轴箱，转速较低，一般为500r/min以下。其动力端采用二冲程燃气机、非增压自然吸气。图16－1左端是动力机，右端是压缩机。

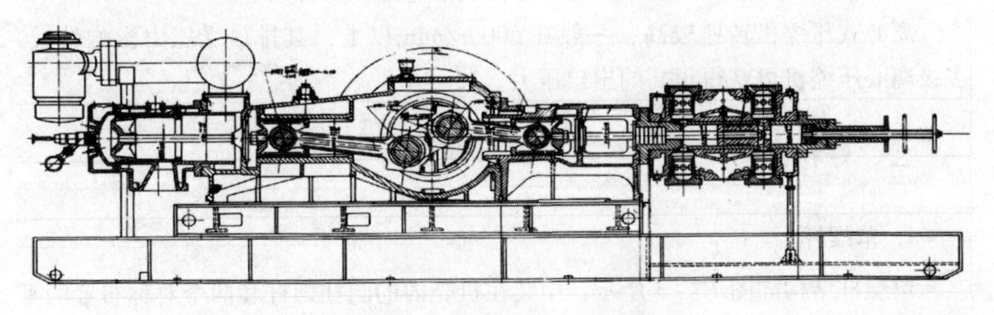

图16－1　整体式往复压缩机结构

（2）分体机：动力机通过联轴器驱动压缩机，一般转速较高。国产功率最大的往复压缩机6CFB型的参数为：公称活塞推力350kN、轴功率6000kW、转速1000r/min。

2. 按压缩方式分

（1）单作用：活塞仅在一个行程中压缩气体。

（2）双作用：活塞在来回两个冲程中都压缩气体。

往复式压缩机排量受压力影响不大，为组合形成多种参数，可以做成多缸多级压缩。

二、离心式

1. 按与动力机的连接方式分

（1）整体机：压缩机与动力机同轴或经过联轴器连接。如图 16－2 所示，叶轮设在电机两侧或同侧，同侧的叶轮可以顺序排列或背靠背排列。国外有功率 8000kW 的这种压缩机在现场应用，其径向轴承、轴向轴承均是磁悬浮式。

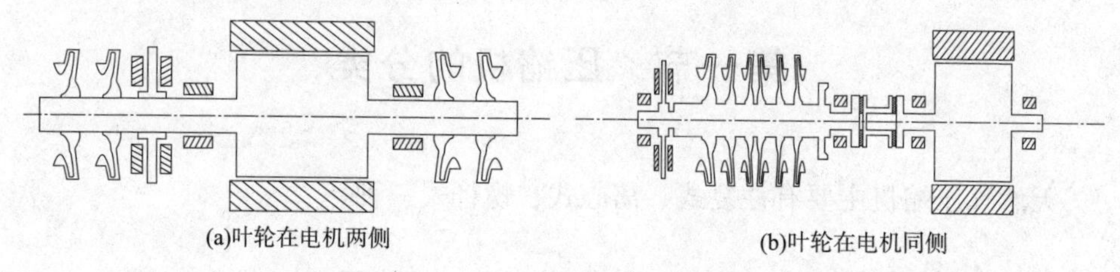
(a)叶轮在电机两侧　　(b)叶轮在电机同侧

图 16－2　整体式离心压缩机

分体机：动力机通过联轴器驱动压缩机。动力机和压缩机是两个独立体。

2. 按壳体的剖分形式分

（1）中平剖分式：壳体沿轴线水平剖分。

（2）垂直剖分式（筒型）：壳体沿轴线垂直剖分为多段。

离心式压缩机转速较高，一般在 5000r/min 以上，其排量受压力影响较大，多级离心压缩机可获得很高的出口压力。

三、螺杆式

1. 单螺杆

单螺杆结构如图 16－3 所示，由装在机壳内的圆柱螺杆和两个对称布置的平面星轮组成啮合副。

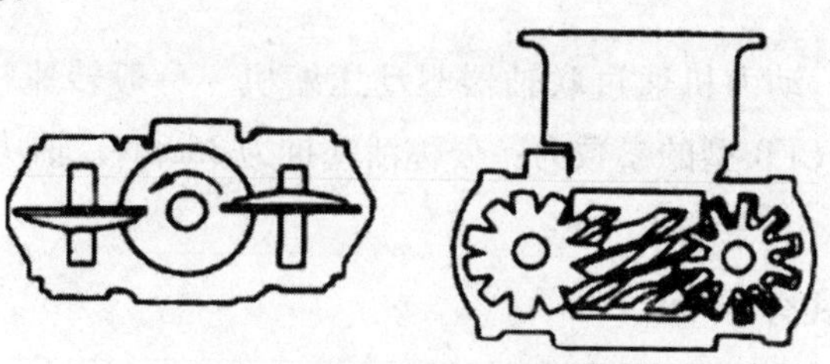

图 16－3　单螺杆结构简图

2. 双螺杆

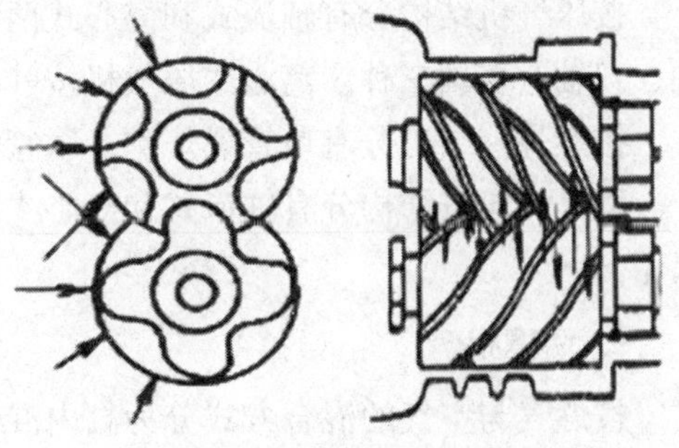
图 16－4 双螺杆结构简图

如图 16－4 所示，双螺杆压缩机具有一对互相啮合、相反旋向的螺旋形齿的转子。具齿面凸起的转子称为阳转子，齿面凹下的转子称为阴转子。转子的齿相当于活塞，转子的齿槽、机体的内壁面和两端端盖等共同构成的工作容积，相当于气缸。机体的两端设有成对角线布置的吸、排气孔口。随着转子在机体内的旋转运动，使工作容积由于齿的侵入或脱开而不断发生变化，从而周期性地改变转子每对齿槽间的容积，来达到吸气、压缩和排气的目的。

第二节 动力机的分类

动力机分为燃气机和电机两种。

一、燃气机

燃气机分为燃气轮机和活塞机两种。

1. 燃气轮机

燃气轮机的效率低于活塞机，转速高于活塞机，在大功率时体积小于活塞机。

燃气轮机主要由压气机、燃烧室和燃气涡轮等组成。其结构、原理如图 16－5 所示。

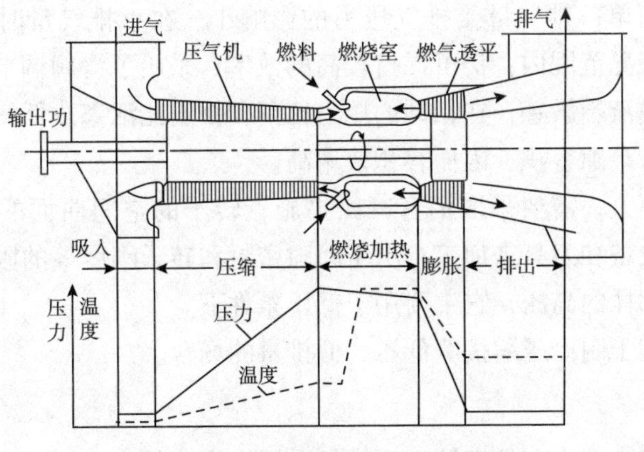

图 16－5 燃气轮机结构、原理图

按压气机结构分有轴流式和离心式两种。轴流式压气机按转子数目可分为单轴、双轴、多轴三种。离心式压气机按叶轮级可分为很多级。

按燃烧室结构分有单管燃烧室、联管燃烧室和环形燃烧室三种。

燃气涡轮按结构分有轴流式和离心式两种。大功率燃气轮机多是轴流式燃气涡轮。

2. 活塞机

按燃气与空气的混合方式分为缸内混合、缸外混合。

按工作原理分为二冲程和四冲程。

长庆油田使用的最大的往复压缩机的燃气活塞发动机功率为3532kW。

二、电机

电机主要用于往复分体式压缩机、螺杆压缩机。国产用于离心压缩机的大功率、高转速电机已由上海电机厂研制成功，并用于西气东输二线。其参数为20MW、5040r/min、防爆变频。

第三节　选型要求

一、各类压缩机的特点

1. 螺杆式

优点：与整体往复压缩机相比，具有转速高，重量轻，体积小；流量没有脉动，运转平稳，振动小；结构简单，机件数量少，材料消耗低，运行周期长，使用可靠，维修简单；排气量受排气压力的影响小；在小排气量时不发生喘振现象，在宽广的工况范围内，仍可保持较高的效率；采用了滑阀调节，可实现能量无级调节；对进液不敏感，在相同的压力比下，排温比活塞式低得多，因此单级压力比高；没有余隙容积，因而容积效率高。

缺点：噪声大，需要采取消音减噪措施；转子的空间曲面的加工精度要求高，需用专用设备和刀具来加工；由于间隙密封和转子刚度等的限制，不能达到往复式压缩机那样的高压，它主要用于低压条件下。

螺杆式多用于制冷压缩机等低压、低排量的场合。

2. 往复式

优点：检修难度小；效率较高；排量受压力影响很小。

缺点：在相同排量下，体积大；流量不均，振动大；结构复杂，机件数量多，材料消耗多。

往复式主要用于中高压、排量不很大的条件下。排量大时，体积、价格大幅度增加。对于输天然气的往复式压缩机，排量较小时用整体机，排量较大时，应选分体机。

3. 离心式

优点：在相同排量下，体积小；流量连续，没有脉动；易损件少。

缺点：检修难度大；低流量时，易出现喘振；小排量机型，效率较低。

离心式主要用于大排量条件下，不适用于气量太小及压比过高的场合。

二、形式选择

在效率方面，往复式最高、离心式较低。但往复式外形尺寸和重量较大，基础也较大；单机输气量较小，在大流量下，要多机组并联运行；易损零部件多、故障多，日常维护、管理工作量大，连续运转时间受限制。投资大、操作和维修费用高。故在大流量、高压的情况下应优先选用离心式压缩机。目前离心式压缩机可达到压力70MPa、排量1666m^3/min、功率33MW。

三、驱动方式选择

电机驱动效率较高，可采取变频方式调整排量，受电网可靠性影响较大；燃气机可就地取得能源，不需建设高压电网。燃气轮机效率较低，活塞机效率较高，如采取余热利用措施，可提高总效率，但会增加总投资。选择驱动方式时应综合考虑。在有现成电网可以利用的条件下，应优先采用电驱。

四、余热回收

不论是往复式，还是离心式，对大型压缩机都应在建设时同步建设余热回收系统。若用燃气轮机驱动离心式压缩机，可回收的余热将是压缩机实际给出功率的2倍以上。回收的余热可用于产生蒸汽或发电，现已有热媒发电设备应用。

五、防噪

由于压缩机噪声较大，应在设计压缩机站时，同步采取防噪声措施。

六、基础

压缩机基础有刚性的和弹性的；有用地脚螺栓的和不用地脚螺栓的，应根据具体情况择优选用。过去的基础设计过于保守，如在某气田，发动机功率为809kW 的分体式压缩机，最初基础打 $\phi600\times22000$ 的成孔灌注桩 18 根，桩头深入质密沙层，承台采用混凝土浇筑，厚度 2.1m，面积 77.35m^2。后去掉了打桩、并将基础减薄至 1.5m，承台面积 66.33m^2。使用完全满足需要。

长庆油田现在 1000kW 的压缩机，基础施工采用下挖 400mm，水坠、夯实，四周水泥围堰，砂砾填充，压缩机直接坐于碎石上，不用地脚螺栓固定。

第四节　管理要求

一、气量调节

1. 往复压缩机

（1）调速：速度增加，排量增大。

（2）调整余隙：减少余隙可以增加排量；反之减少排量。对多级压缩、每级余隙可调的压缩机，首级余隙可调节排量，其余各级调节压比。

（3）进气节流：此种方法易产生缸内真空，对不允许与空气混合的气体压缩机不能用此方法。无十字头的单作用机，为防止润滑油被抽入气缸，也不宜用此方法。

（4）旁通回流：打开旁通阀门，部分气体回流至入口。

（5）打开部分进气阀或排气阀，使部分气缸不参加工作。

2. 离心压缩机

（1）调速：速度增加，排量增大。

（2）调叶片角度。

（3）进气节流。

（4）打开放空阀门：当压缩机排量大于需求时，将多余气体放空。

3. 螺杆压缩机

（1）调速：速度增加，排量增大。

（2）双螺杆压缩机可用滑阀调节排量。

二、防振

（1）离心压缩机应在喘振区之外工作，应配备防喘振装置。措施主要是放气防喘、旋转导叶角度等。

（2）一般用固定的往复活塞空气压缩机振动烈度指标（GB/T 13279—2015《一般用固定的往复活塞空气压缩机》），如表 16－1 所示。

表 16－1　往复活塞空气压缩机振动烈度表

类　型	振动烈度/（mm/s）
对称平衡型	18
角度式（L、V、W、星、扇）、对置式、立式	28
卧式、无基础	45

三、润滑

定期检测油质、过滤油品，按质换油。利用真空滤油机除去油中杂技、水分等。

确定合适的注油量，降低消耗。长庆油田的 DPC2803 型整体式压缩机最初注油器用量 18L/d，后降为 12L/d。原来曲轴箱定期换油，注油器每天添加新油，后改为每天向曲轴箱补充新油，曲轴箱的油流向注油器，取消了曲轴箱定期换油，

一般用固定的往复活塞空气压缩机噪声、机油耗量、清洁度指标（GB/T 13279—2015《一般用固定的往复活塞空气压缩机》），如表 16－2 所示。

表 16－2　往复活塞空气压缩机噪声、机油耗量、清洁度表

电机功率/kW	噪声声功率级/dB（A）			机油总耗量/(g/h)	清洁度值/mg
	水冷有油	水冷无油	风冷有油		
18.5	100	102	104	40	500
22～37	101	103	105	70	700
45～90	103	104			900
110～160	105			105	1200
200～250	107			150	1600
315～400	109			195	2000
450～560	110			255	2500

四、反向角

对往复式压缩机，反向角即活塞杆受力由受压变为受拉时曲轴的转角，反向角过小将使连杆小头衬套、连杆大头瓦润滑不良。当实际工况与设计工况不符

时，应核算反向角，反向角应大于规定值。对反向角，各厂家都有自己的规定值和计算软件，API 618 规定反向角不小于15°。气阀的完好状态、余隙的调节程度对实际反向角也有影响。

五、提交易损件使用寿命，努力降低消耗。

阀、弹簧等易损件故障是影响压缩机运转时率和运行费用的主要因素之一，应统计消耗规律，改进易损件质量，提高使用寿命。

一般用固定的往复活塞空气压缩机主要易损件寿命指标（GB/T 13279—2015《一般用固定的往复活塞空气压缩机》），如表 16－3 所示。

表 16－3　往复活塞空气压缩机主要易损件寿命

<table>
<tr><th rowspan="2">易损件名称</th><th colspan="2">更换时间/h</th></tr>
<tr><th>有油机</th><th>无油机</th></tr>
<tr><td>阀片</td><td rowspan="2">4000</td><td rowspan="4">3000</td></tr>
<tr><td>气阀弹簧</td></tr>
<tr><td>活塞环</td><td>6000</td></tr>
<tr><td>填料</td><td>5000</td></tr>
</table>

第十七章 压力容器管理

油田公司所属设备中，压力容器很多。做好压力容器管理工作，对生产和安全有重要意义，设备管理部门应重视对压力容器的管理。

第一节 定义及分类

一、定义

根据 TSG 21—2016《固定式压力容器安全技术监察规程》，同时具备下列条件的容器称为压力容器：

（1）在正常工作情况下，压力容器项部可能达到最高压力（表压力）大于等于 0.1MPa；

（2）容积大于或等于 $0.03m^3$，且内径大于或等于 150mm；

（3）盛装介质为气体、液化气体以及介质最高工作温度高于或等于其标准沸点的液体。

二、分类

1. 按设计压力分

（1）低压（代号 L）0.1MPa≤P<1.6MPa。

（2）中压（代号 M）1.6MPa≤P<10MPa。

（3）高压（代号 H）10MPa≤P<100MPa。

（4）超高压（代号 U）P≥100MPa。

2. 按作用原理分

（1）反应压力容器（代号 R）：主要是用于完成介质的物理、化学反应的压力容器。如反应器、反应釜、分解锅、分解塔、聚合釜、高压釜、合成塔、变换炉、煤气发生炉等。

（2）换热压力容器（代号 E）：主要是用于完成介质的热量交换的压力容

器。如管壳式余热锅炉、热交换器、冷却器、冷凝器、蒸发器、加热器、电热蒸汽发生器等。

（3）分离压力容器（代号S）：主要是用于完成介质的流体压力平衡和气体净化分离等的压力容器。如分离器、过滤器、集油器、缓冲罐、收球筒、压力缸、脱氧塔、洗涤器、吸收塔、干燥塔、汽提塔、分汽缸、除氧器等。

（4）储存压力容器（代号C，其中球罐代号B）：主要是用于盛装生产用的原料气体、液体、液化气体等的压力容器。如各种形式的储罐。

3. 按管理要求分

压力容器的介质分为二组：第一组是毒性程度为极度危害、高度危害的化学介质，易爆介质，液化气体。介质毒性危害程度、爆炸危险程度按照HG/T 20660—2017《压力容器中化学介质毒性危害和爆炸危险程度分类》确定。第一组外的介质为第二组。如图17－1、图17－2所示。

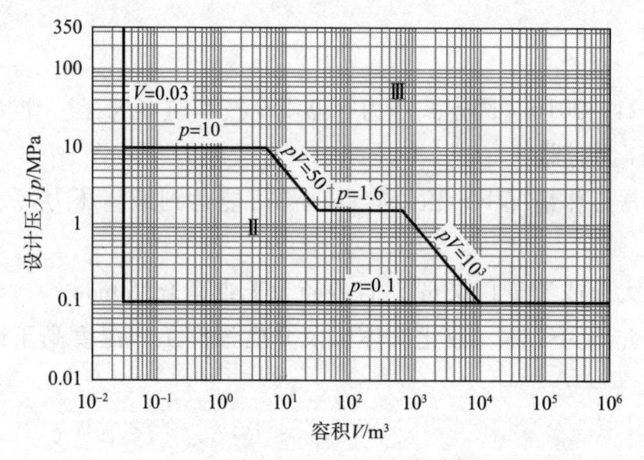

图17－1　压力容器类别划分图——第一组介质

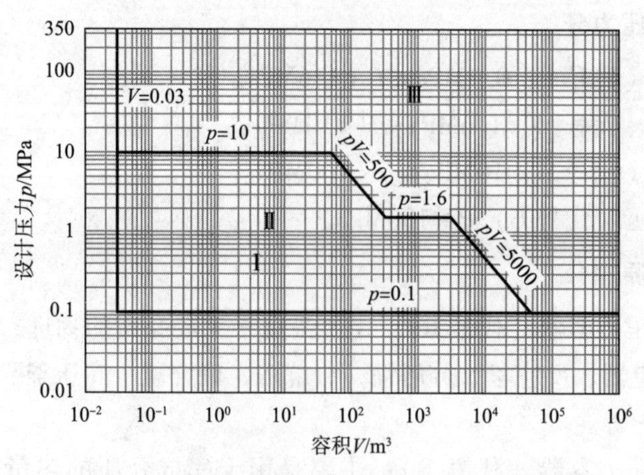

图17－2　压力容器类别划分图——第二组介质

压力容器类别的划分，根据介质特性，选择不同的划分图，再根据设计压力和容积在图上找出坐标点，即可确定压力容器类别。

第二节 管理要求

（1）施工单位在安装压力容器前，应到当地相关部门备案，竣工后应向使用单位移交全部资料。使用单位设备管理部门应督促、检查施工单位完成这些工作，防止资料丢失，否则影响后续注册。

（2）在压力容器投入使用前或投入使用30日内，使用单位应按TSG 21—2016《固定式压力容器安全技术监察规程》的要求，到安全监察机构或授权的部门逐台办理使用登记手续。

（3）压力容器的使用单位，必须建立下列压力容器技术档案并由设备管理部门统一保管。

①使用登记证；

②特种设备使用登记表；

③压力容器设计、制造、安装技术文件；

④压力容器年度检查报告，定期检验报告；

⑤检测记录，安全检查记录；

⑥压力容器修理和技术改造的方案、图样、材料质量证明书、施工质量检验技术文件；

⑦安全附件校验、修理和更换记录；

⑧有关事故的记录资料和处理报告。

（4）制定压力容器管理制度和安全操作规程。

（5）压力容器操作人员应持证上岗，应严格遵守安全操作规程，严禁超压、超温、违反操作程序。

（6）压力容器使用单位应根据压力容器安全状况等级按时请压力容器检验机构对压力容器进行检验。使用单位不应干涉检验机构的检验，应由检验机构依据容器实际情况独立做出结论。

（7）高度重视压力容器的注册和检验工作，要做到注册率、检验率均是100%。

（8）压力容器发生异常现象时，操作人员应立即采取紧急措施，并按规定的报告程序，及时向有关部门报告。

（9）压力容器内部有压力时，不得进行任何修理。对于特殊的生产工艺过程，需要带温带压紧固螺栓时；或出现紧急泄漏需进行带压堵漏时，使用单位必须按设计规定制定有效的操作要求和防护措施，作业人员应经专业培训，并经使用单位技术负责人批准。在实际操作时，使用单位安全部门应派人进行现场监督。

（10）以水为介质产生蒸汽的压力容器，必须做好水质管理和监测，没有可靠的水处理措施，不应投入运行。

（11）从事压力容器修理和技术改造的单位必须是已取得相应资质的单位。压力容器的重大修理或改造方案应经原设计单位或具有相应资格的设计单位同意并报施工所在地的地、市级特种设备安全监管部门书面告知。修理或改造单位应向使用单位提供修理或改造后的图样、施工质量证明文件等技术资料。

压力容器经修理或改造后，必须保证其结构和强度满足安全使用要求。

（12）人员在进入压力容器内部进行工作前，使用单位必须按 TSG 21—2016《固定式压力容器安全技术监察规程》的要求，做好准备和清理工作。达不到要求时，严禁人员进入。

（13）固定压力容器的测厚点，以便对比变化趋势。测厚点应在最易减薄部位，如下部、封头、油水界面等处，若有绝热层，则应在其上开设活动窗口，以方便检测。

（14）审查压力容器检验报告。要查看报告中的检验记录，通过察看检验记录，可以了解容器的具体问题，制定相应对策。如通过对比同一容器历年的测厚记录，可以发现变化趋势。通过对比同类容器的报告，可以发现故障规律。

第三节　压力容器的检查与检验

根据 TSG 21—2016《固定式压力容器安全技术监察规程》，应开展下列工作。

一、年度检查

年度检查是指在用压力容器运行中的在线检查。由使用单位的压力容器专业人员进行，也可委托有资格的压力容器检验机构进行。

二、定期检验

定期检验是指在用压力容器停机时的检验。全面检验应由检验机构有资格的压力容器检验员进行。检验周期按以下要求确定：

（1）投用后3年内进行首次定期检验；

（2）安全状况等级为1、2级的，每6年一次；

（3）安全状况等级为3级的，3~6年一次；

（4）安全状况等级为4级的，监控使用，检验周期由检验机构确定，其累积监控使用的时间不得超过3年，监控期间，应采取有效的监控措施，安全状况等级为4级的并且监控期满的压力容器，或者定期检验发现严重缺陷可能导致停止使用的压力容器，应当对缺陷进行处理，处理方式包括采用修理的办法消除缺陷或者进行合于使用评价；

（5）安全状况等级为5级的，应当对缺陷进行处理，否则不得继续使用；

（6）应用基于风险的检验技术的压力容器，根据压力容器风险水平延长或者缩短检验周期，但最长不得超过9年，以压力容器的剩余使用年限为依据，检验周期最长不超过压力容器剩余使用年限的一半，并且不得超过9年。

第十八章　油田设备管理典型经验介绍

第一节　辽河油田设备管理经验

辽河油田公司在设备管理方面，坚持全过程、全员化管理的思路，将设备管理与生产经营紧密结合，明确设备管理目标，夯实管理基础，注重求实创新，连续三次获得全国设备管理先进单位。

一、设立资产、设备一体化的管理机构

公司设立了资产装备部，行使独立的设备和资产管理职能。公司所属主要生产单位设立了资产管理科，配备设备专职管理人员。作业区级主要生产单位基本配齐了专兼职设备管理人员。

资产装备部职能如下：

（1）负责固定资产与设备的管理工作，制定相关制度，并组织落实；

（2）负责编制中长期设备计划和年度计划，并组织实施；

（3）负责资产的产权管理工作；

（4）负责装备制造管理工作和设备修理市场准入管理。

（5）负责设备的招标采购及验收，参与重大引进设备的技术谈判工作；

（6）负责新设备、新技术的推广应用及进口设备、零部件的国产化研制工作；

（7）负责资产和设备信息工作；

（8）负责制定和编制固定资产与设备的修理标准及计划，并组织实施；

（9）负责油田公司机关及直属公司、直属部门的资产管理工作。

二、建立程序化、规范化、制度化的设备管理体系

《辽河油田公司设备管理办法》明确了设备管理部门的职能、程序、业务范

围，并将设备完好率、利用率、维修费用率、设备事故发生率等指标列入各级设备主管领导年度业绩考核指标；《资产设备内控管理办法》要求各单位资产管理部门完善资产设备管理的岗位职责，明确设备岗、修理岗为关键岗位，对关键岗位业务的开展，要求至少有两人同时参与，建立起内部岗位监督约束机制。这样使得工作有程序，作业有规章，实施有记录，问题有整改，处理有结果。

三、设备购置

坚持设备管理部门负责设备购置的选型选厂的原则和“生产、安全、效益”三优先原则，科学编制设备购置计划，并将计划项目分为股份公司订货、招标、商务谈判、电子商务采购和审价等五种采购方式。具体操作设备购置时，密切与其他部门合作，保证了设备购置计划的顺利实施。

四、重点设备管理

将与生产结合最紧密的抽油机、机泵、热采锅炉、车辆 4 种设备列为重点设备进行管理。形成以设备润滑、软化水、回场检查、强制一保、档案资料为主的五位一体设备基础管理模式。通过加强重点设备基础工作的管理，有效带动了公司设备管理基础工作。

五、设备检查

形成了公司每年一次、二级单位每半年一次、作业区每季度一次、站队每月一次的设备管理检查制度，完善了设备管理检查方式、方法。设备管理检查活动的不断完善与延伸，为设备管理部门及时掌握基层设备管理动态提供了活动载体，增强了“以查促改、以查促管”的实效，逐步形成自我管理、自我约束、自我改进的良性循环管理机制。

坚持每季度召开一次设备科长例会，研究部署设备管理工作，交流设备管理经验，探讨解决存在问题，有效促进了设备管理系统的队伍团结、信息畅通，提高了设备管理水平。

六、盘点设备

每年对设备进行两次清查盘点，全面调查、掌握闲置设备状况，积极开展设备调剂挖潜、修旧利废、回收变现工作，不断优化设备配置，提高设备使用效率。实施抽油机固定编号管理方法。为每台抽油机焊上一个终生不变的编号，同时建立抽油机管理台账，根据固定编号每月记录一次抽油机变动情况，从而有效记录了抽油机的调动情况，准确掌握了每台抽油机的去向动态。

七、修理管理

坚持“三严、两结合”原则，抓两头促中间，确保重要生产设备得到及时的修理维护。“三严”即：严肃修理计划、严格市场准入审批、严把修理质量验收关；“两结合”即：修理与管理相结合、修理与改造相结合。

各单位年初都制定设备修理年度计划，每月制定月度设备修理计划，并通过计划部门以厂（院、公司）文件形式下发，对于未列入修理计划的修理项目一律不许施工，不予结算。

对修理、制造厂家实行了“末位淘汰制度”。在设备修理竣工验收方面，一是确定了各种设备修理竣工的验收方式、方法及技术性能指标标准；二是坚持设备修理由二级单位资产管理部门会同计划、财务、预算、审计、合同及基层使用单位共同进行现场竣工验收，重要项目由公司组织参与，使设备修理质量得到多方监督；三是推行了“设备修理旧件回收制度”。

八、以人为本

坚持以人为本的设备管理思路，编写了《设备管理手册》，多层次、多形式、系统化开展业务知识培训，加强单位之间、操作者之间的设备管理对标分析活动，提高了设备管理操作人员的业务素质、调动了积极性。

第二节　胜利油田设备管理经验

胜利油田积极探索管好、用好巨额设备资产的有效途径和方法，不断拓宽设备管理的工作思路，充分挖掘现有设备潜力，坚持既要确保设备资产保值增值，又要使其完好有效；既要优化设备增量配置，又要盘活存量设备资产，促进了设备管理水平的提高。

一、深化6个转变，努力实现设备技术先进性和经济性的统一

（1）管理意识：由单纯的设备管理型逐步向技术经济型过渡，最终向经营效益型发展。

（2）设备配置：由保障有余型向效益需求型转变。

（3）运作机制：由粗放管理型向精细效益型转变。

（4）设备维护：由过剩维修型向效益维修型转变。

（5）设备使用：由近功短利型向长效回报型转变。

（6）设备管理：由被动整改型向前期预防型转变。

二、设备管理体系组织健全，机制完善

（1）健全了责权统一、精干协调的设备管理组织保证体系。由局长或常务副局长担任设备管理委员会主任，每年定期召开会议，研究解决设备管理中的重大问题。从公司至各厂处都配备了主管设备的总（副）机械师、设备专家，成立各种设备的专家组。设备管理处是全油田设备管理的归口管理部门，在设备从选型购置到报废技术鉴定一生的管理中充分发挥了主导作用。

（2）建立完善了以程序文件为主要内容、设备一生全过程管理的法规体系。

（3）建立了设备管理激励约束机制。制定《设备管理奖惩办法》，明确每年从劳资部门专项列支设备管理奖励基金，同时对设备责任事故、违规购置小汽车、严重拼设备等行为依法处罚。

（4）创造了以各类专业设备年审为主要形式的设备使用监督机制，聘任现场监督员。

（5）每年开展设备管理先进单位评选、升级推荐和抽查复审工作。

（6）开办设备工程硕士班，培养高素质专业人才。

（7）成立设备状态监测站、润滑站、软水站。

（8）每季召开经济技术状况分析会。

（9）每年召开二级单位科长述职会，考核并交流经验。

三、以提高投资效益为目的，优化设备资源配置

（1）处理好设备先进性与资金投入的关系，避免功能过剩，注重综合效益。

（2）按照确保石油专用设备、严格控制非生产车辆和尽快取得投资效益的原则，确定设备更新改造计划。

（3）处理好设备能力与利用率的矛盾，实行专业化配置。

（4）成立设备租赁中心，推广租赁管理新体制。

（5）优化总量，盘活存量。

（6）单机核算。

四、其他设备管理方法

（1）加强技改和“四新”运用，开发适用新设备。使设备管理朝良性循环、

内涵发展的方向迈进。

（2）提出了“优配、监测、润滑、高效、安稳”的设备管理十字工作法。

第三节　吐哈油田设备状态监测

吐哈油田公司于2003年开始开展设备状态监测工作，公司配备4名专业人员成立了设备状态监测站，配备了往复设备监测仪、旋转设备监测仪、激光对中仪、电机绕组故障检测仪、轴承故障测试仪、光谱分析仪、多通道振动噪声分析仪、ENTEK DPAC1250数采器、红外线测温仪、快速油质分析仪、便携振动分析仪等离线监测设备，制定了监测制度，制度中对监测对象、监测周期、监测内容、监测标准都明确规定，该站原设在公司设备管理部门内，后调整至技术监测中心。

一、管理方法

公司每年下达年度设备监测运行措施及监测计划，对公司主要设备按月监测，对A类重点设备加密监测。通过长期大量的监测，逐渐实现了以振动、压力和润滑油检测为主要监测手段，以旋转设备、往复设备监测和激光对中找正为核心的监测技术保证体系，以班组点检、厂设备科简易诊断与公司精密诊断相结合的三级监测诊断制度保证体系，形成了简易诊断和精密检测相结合、定期监测与按需监测相结合的状态监测体系，监测范围覆盖了注水泵、输油泵、压缩机、制冷机和电机等主要生产设备。

二、精密监测方法

（1）对内燃机，测量缸内燃烧压力曲线、测量次级点火电压波形、点火次数、每个缸20个工作循环的超声波、高频振动、低频振动波形，计算各缸的指示功率，判断各缸做功是否平衡，分析活塞环是否漏气，气门正时是否正确，各缸气门间隙是否正常及是否漏气，是否存在爆燃、失火、线圈和导线故障、火花塞间隙、点火提前角等故障。

（2）对压缩机，采集每个双作用压缩缸轴侧和盖侧20个工作循环的压力曲线，据此计算每个缸轴侧和盖侧的指示功率、处理气量、气阀功率损失、余隙百分比；采集十字头、缸体20个工作循环的高频和低频振动，采集每个气阀20个工作循环的超声波波形、高频振动曲线，采集每个气阀的温度值，判断气阀、活塞环是否漏气，缸体是否存在异常振动，连杆、十字头、活塞杆、活塞是否存在冲击，活塞杆受力曲线是否在允许范围之内，反向角是否合适。

（3）对离心机械，采集各方位的位移、振幅、时域波形和轴心轨迹形状，判断轴承、转子工作情况。

三、主要成效

通过对往复式压缩机的诊断，发现了连杆大小头瓦间隙或十字头间隙过大、连接件存在松动、气阀泄漏、活塞环窜漏、磁电机联轴器松旷、高压线圈损坏、火花塞积炭、气门严重烧蚀、正时链轮错位等问题。

通过对离心机械的诊断，发现了离心压缩机轴承失效、鼓风机转子不平衡等问题。

通过对往复注水泵的诊断，发现了电机断轴、皮带轮偏斜、曲轴轴向窜动、轴瓦磨损、泵阀损坏、管线振动、轴承跑内圆、基础松动等故障隐患。

通过对电气设备的诊断，发现多起电机绕组匝间短路、接线端子松动、转子焊缝开裂等故障隐患。

通过对压缩机、注水泵、输油泵等管道的剧烈振动进行测试，先后解决多起压缩机、注水泵等管线振动，有效降低管线振动幅值。

状态监测为设备的使用管理提供了强有力的技术支持，在设备管理中起到了显著的作用，其监测水平居全国同行前列。三年完成监测 1600 台次，主要设备定期监测率达 90% 以上，监测准确率达 80% 以上，消除事故隐患数百起，杜绝了重特大事故的发生，基本实现了从强制保养和事后维修向预知维修模式的转变。

附录　油田设备管理相关的法规和标准目录

一、综合法规

《中华人民共和国全民所有制工业交通企业设备管理条例》（自1987年起施行）

《中华人民共和国安全生产法》（自2002年11月1日起施行）

《中华人民共和国产品质量法》（自1993年9月1日起施行）

《中华人民共和国道路交通安全法》（自2004年5月1日起施行）

《中华人民共和国节约能源法》（自1998年1月1日起施行）

《中华人民共和国特种设备安全法》（自2014年1月1日起施行）

《特种设备使用管理规则》（TSG 08—2017）

《中华人民共和国道路交通安全法实施条例》（中华人民共和国国务院令2017年第687号）

二、节能管理

GB 15316《节能监测技术通则》

GB/T 33653《油田生产系统能耗测试和计算方法》

GB/T 33754《气田生产系统能耗测试和计算方法》

SY/T 6374《机械采油系统经济运行规范》

SY/T 6569《油气田生产系统经济运行规范　注水系统》

SY/T 6723《原油输送管道经济运行规范》

SY/T 6567《天然气输送管道系统经济运行规范》

SY/T 6373《油气田电网经济运行规范》

三、抽油机管理

API 11E 抽油机规范

GB/T 29021《石油天然气工业　游梁式抽油机》

SY/T 6729《无游梁式抽油机》

SY/T 5700《常规游梁抽油机操作规程》

SY/T 5226《抽油机节能拖动装置》

SY/T 6668《游梁式抽油机的安装与维护》

Q/SY 1233—2009《游梁式抽油机平衡及操作规范》

四、地面泵管理

API 610《石油、重化学和天然气工业用离心泵》

GB/T 9234《机动往复泵》

GB/T 5656《离心泵　技术条件（Ⅱ类)》

GB/T 26507《石油天然气工业 钻井和采油设备 地面油气混输泵》

JB/T 12798《双螺杆泵》

JB/T 8644《单螺杆泵》

SY/T 6462《油田用注聚合物泵》

SY/T 0403《输油泵组安装技术规范》

五、井下泵管理

SY/T 5078《水力泵抽油系统》

SY/T 6598《潜油电泵保护器的使用与检验推荐作法》

SY/T 6599《潜油电泵离心泵试验推荐作法》

GB/T 21411. 1—2014　《石油天然气工业　人工举升用螺杆泵系统　第 1 部分：泵》

GB/T 21411. 2—2009　《石油天然气工业井下设备　人工举升用螺杆泵系统　第 2 部分：地面驱动装置》

SY/T 5188《抽油泵维护与使用推荐作法》

六、锅炉管理

TSG G001—2012《锅炉安全技术监察规程》

TSG G5003—2008《锅炉化学清洗规则》

TSG G5001—2010《锅炉水处理监督管理规则》

TSG G6001—2009《锅炉安全管理人员和操作人员考核大纲》

GB/T 1576《工业锅炉水质》

GB 10180《工业锅炉热工性能试验规程》

GB/T 17410《有机热载体炉》

GB/T 21435《相变加热炉》

JB/T 10094《工业锅炉通用技术条件》

JB/T 7985《小型锅炉和常压热水锅炉技术条件》

GB/T 17954《工业锅炉经济运行》

NB/T 47034《工业锅炉技术条件》

七、加热炉管理

SY/T 6382《输油管道加热设备技术管理规范》

SY/T 0404《加热炉安装工程施工规范》

SY/T 5262《火筒式加热炉规范》

SY/T 0031《石油工业用加热炉安全规程》

SY/T 0538《管式加热炉规范》

八、燃烧器

GB/T 19839《工业燃油燃气燃烧器通用技术条件》

TSG ZB001《燃油（气）燃烧器安全技术规则》

Q/SY 1836《锅炉/加热炉燃油（气）燃烧器及安全联锁保护装置检测规范》

九、汽车管理

GB 7258—2017《机动车运行安全技术条件》

GB/T 18344—2016《汽车维护、检测、诊断技术规范》

GB/T 16739—2014《汽车维修业开业条件》

《道路运输车辆技术管理规定》（中华人民共和国交通运输部令 2016 年第 1 号）

《汽车维修合同实施细则》（交运发〔1992〕112 号）

《机动车登记规定》（公安部令 2012 第 124 号）

《报废汽车回收管理办法》（2001 年 6 月 16 日中华人民共和国国务院令第 307 号）

《机动车强制报废标准规定》（2013 年 5 月 1 日施行，商务部、发改委、公安部、环境保护部令 2012 年第 12 号）

十、内燃机

SY/T 5641《石油天然气工业　天然气发动机》
SY/T 5030《石油天然气工业　柴油机》
SY/T 6416《发动机的安装、操作和维护推荐作法》

十一、压缩机

API 11P《油气生产用配套往复式压缩机规范》
API STD 616《石油、化学和天然气工业用天然气涡轮机》
API STD 617《石油、化学和气体工业用轴流、离心压缩机及膨胀机—压缩机》
API STD 618《石油、化学和气体工业设施用往复压缩机》
GB/T 13279《一般用途固定的往复活塞空气压缩机》
SY/T 6650《石油、化学、天然气工业用往复式压缩机》
SY/T 6651《石油、化学和气体工业用轴流和离心压缩机及膨胀机—压缩机》

十二、压力容器

GB/T 150《压力容器》
TSG 21—2016《固定式压力容器安全技术监察规程》
TSG R0005—2011《移动式压力容器安全技术监察规程》
TSG D0001—2009《压力管道安全技术监察规程——工业管道》

十三、其他设备

SY/T 5079《油井测试设备》
SY/T 5961《清蜡设备》
SY/T 5962《洗井机》
SY/T 6115《自循环洗井设备》

十四、润滑管理

GB/T 13608《合理润滑技术通则》
GB 7607《柴油机油换油指标》
GB 8028《汽油机油换油指标》

参考文献

[1] 徐温厚，查志文．工业企业设备管理［M］．北京：国防工业出版社，1987.

[2] 郁君平．设备管理．北京：机械工业出版社，2003.

[3] 胡先荣．现代企业设备管理．2 版．北京：机械工业出版社，2001.

[4] 高志坚．设备管理．北京：机械工业出版社，2002.

[5] 中国设备管理协会秘书处．设备管理知识题解．北京：北京燕山出版社，1991.

[6] 赵艳萍，姚冠新，陈骏．设备管理与维修．北京：化学工业出版社，2004.

[7] 俞伯炎，吴照云，孙德刚．石油工业节能技术．北京：石油工业出版社，2000.

[8] 李锦秋．设备技术经济学．北京：机械工业出版社，1999.

[9] 张立新，丁东元．关于设备新度系数计算公式的探讨［J］．石油机械，2002（05）．

[10] 孙景奎．现代化管理．银川：宁夏人民出版社，1988.

[11] 张春峰．鄯善联合站采油污水余热的回收利用．石油石化节能，2014（09）．

[12] 机械工程手册、电机工程手册编辑委员会．机械工程手册．2 版：第 12 卷　通用设备［M］．北京：机械工业出版社，1997.

[13] 李宁会．往复泵与离心泵用于原油集输时的性能对比．石油机械，1996（05）．

[14] 万邦烈，李继志．石油矿场水力机械．北京：石油工业出版社，1990.

[15] 宋万超．依靠科技进步 加大管理力度 努力向设备资源化管理要效益［J］．中国设备管理，2000（01）．

[16] 孔令先．企业管理从设备管理抓起．北京：中国设备工程，2002（05）．

[17] 李葆文．设备管理新思维新模式．2 版．北京：机械工业出版社，2004.

[18] 刘建臣．集成式压缩机及其在天然气管道的应用［J］．油气储运，2011（10）．

[19] 刘家顺，粟国敏．技术经济学．北京：机械工业出版社，2002.

[20] 沈永刚．现代设备管理．北京：机械工业出版社，2003.

[21] 李宁会．注重实效　适应变化　提高设备管理的水平［J］．长庆石油经济，2002（04）．